Das

Leben in der Tropenzone
speziell
im Indischen Archipel.

Nach Dr. van der Burg's „de geneesheer in Nederlandsch-Indië"

(1. Band, 2. Auflage)

mit Genehmigung des Autors

bearbeitet

von

Dr. L. Diemer,

Stabsarzt in Dresden.

Hamburg,

L. Friederichsen & Co.

Land- und Seekartenhandlung,

geographische und nautische Verlagshandlung.

1887.

Vorwort.

Das Buch, welches den nachfolgenden Schilderungen als Vorlage gedient hat, ist der erste Band eines ausführlichen in Batavia erschienenen Werkes des Dr. van der Burg, betitelt: »De geneesheer in Nederlandsch-Indië.«

Der Verfasser desselben ist ein schon seit 25 Jahren in Batavia ansäßiger Arzt, den bei seinen Mittheilungen der Gedanke leitete, den von Europa nach dem Indischen Archipel übersiedelnden Aerzten über Alles Aufklärung zu bieten, was ihnen dort Fremdartiges entgegentritt. Hierzu gehören vor Allem die klimatischen Verhältnisse mit ihrem Einfluß auf die Lebensweise und Sitten der Bewohner und deren sonstige nationale Eigenthümlichkeiten, die zwar von van der Burg besonders in ihrer Beziehung zu der Gesundheitspflege und zu dem ärztlichen Wirken besprochen werden, aber sicherlich auch allgemeines Interesse verdienen. Ich habe mich deshalb bestrebt, das Werk weiteren Kreisen zugänglich zu machen und nur dasjenige aus demselben auszuwählen, was nicht ausschließlich für den Arzt von rein fachwissenschaftlichem Interesse ist.

Daß dennoch oft genug vom Arzte und von seinen Beziehungen zu der Bevölkerung des Indischen Archipels die Rede ist, liegt im ganzen Wesen des Buches so tief begründet, daß dies ohne allzu eingreifende Veränderung seines Inhalts nicht vermieden werden konnte. Ich glaube aber gerade darin keinen Nachtheil finden zu müssen: der Umstand, daß ein Arzt, an stete Beobachtung gewöhnt und darin geübt, das Resultat derselben aufzeichnet, eröffnet eine Menge ethnologisch interessanter Gesichtspunkte, die dem Blick anderer Beobachter leicht entgehen. Es ist ja auch Niemanden so wie ihm vergönnt, Einblick in die tiefsten Geheimnisse des Volks- und Familienlebens zu thun, wozu speciell dem Verfasser seine lange Wirksamkeit in Indien besonders ausgiebige Gelegenheit bot.

Für uns Deutsche haben van der Burg's Mittheilungen über das geistige und körperliche Verhalten des Menschen in tropischen Breiten, des eingeborenen wie des eingewanderten, noch ganz besondere Bedeutung dadurch, daß sie uns manche Aufschlüsse geben, die wir als junge Colonialmacht ohne größere eigene Erfahrung auf diesem Gebiete im Interesse unseres Colonialwesens verwerthen können.

Hinsichtlich der Form habe ich die Anlage des Werkes seiner inneren Eintheilung nach im Wesentlichen beibehalten. Es erschien mir ferner nicht zweckmäßig, an der holländischen Schreibweise indischer Wörter etwas zu ändern, wobei für die Aussprache hauptsächlich zu berücksichtigen ist, daß das holländische oe wie unser u, y wie ei, ui wie eu ausgesprochen wird.

Das holländische Original enthält am Schlusse ein sehr ausführliches Wortverzeichniß, welches dasselbe zu einem brauchbaren Nachschlagewerk macht; da es als solches aber eigentlich wohl nur für den Gebrauch in Indien selbst von Werth ist, so habe ich von einer Wiedergabe des Verzeichnisses abgesehen.

Dresden, im Februar 1887.

Dr. Diemer.

Inhaltsverzeichniß.

Druckfehler:

Seite 2 Zeile 10 von oben statt den lies die
„ 49 „ 17 „ „ statt Aufenhalt lies Aufenthalt
„ 63 „ 14 „ unten statt baden lies zu baden
„ 63 „ 9 „ „ statt dagegen lies dabei
„ 96 „ 2 „ oben statt Vanille, lies „Vanille",
„ 113 „ 9 „ „ statt Wöchnerinnen lies Wärterinnen.

Land und Klima.

Der Indische Archipel, in seiner Hauptmasse dem Scepter des Königreichs der Niederlande unterworfen, liegt zwischen 95° und 141° östlicher Länge von Greenwich und zwischen 7° 30′ nördlicher und 9° südlicher Breite, also ganz innerhalb der heißen Zone.

Nachdem schon früher G. W. Earl kurz darauf hingedeutet hatte, daß die östliche und westliche Hälfte dieser Inselwelt sich in physisch-geographischer Beziehung nicht einander gleichen, fand A. R. Wallace diese Gegensätze ausgesprochen auf fast allen Gebieten der Natur: in der geologischen Formation, dem Pflanzenwuchs, der Thierwelt und den Menschenrassen. Im Allgemeinen kann man sagen, daß Sumatra, Borneo, Java und die zwischen ihnen gelegenen Inseln in der angedeuteten Hinsicht den Character Asiens, die östlich von dieser Gruppe liegenden Inseln, Celebes, die Molukken u. s. w. die Typen Australiens aufweisen. Gleichwohl findet sich die Scheidungslinie der beiden Menschenrassen — der Malayen auf der westlichen und der Papua's auf der östlichen Hälfte des Archipels — etwas mehr östlich als die, welche in zoologischer und botanischer Hinsicht aufgestellt werden muß.

Die Bodenbeschaffenheit der verschiedenen Inseln des Archipels ist eine sehr wechselnde: während einzelne derselben nur durch Korallenbänke gebildet werden, verdanken andere vulkanischen Prozessen ihre Entstehung und wieder andere bieten beide Formationen gleichzeitig dar. Das Binnenland von Java z. B. besteht aus großen Bergflächen mit vielen theils noch thätigen theils erloschenen Vulkanen; seine meist steil abfallende und hohe Südküste besteht hauptsächlich aus sedimentären Sand- und Kalkstein, Basalt- und Andesitfelsen tertiärer Bildung, während der vielfach ganz flache Strand der Nordküste sich durch Anschwemmung mehr und mehr, stellenweise um einige hundert Fuß in kurzer Zeit, verbreitert. Auch Sumatra besteht an der Küste zum großen Theil aus angespültem Grund, während das Binnenland hohe, darunter einzelne noch feuerspeiende Vulkane aufweist; Borneo wird von Europäern nur an den flachen, sumpfigen Küsten bewohnt; die Molukken haben im Allgemeinen einen felsigen, vulkanischen Boden.

Bei der Beurtheilung dieser verschiedenartigen Bodenbeschaffenheit in ihrer Beziehung zur Gesundheit des Menschen muß man streng scheiden zwischen den Gegenden an der Küste und im Innern des Landes; es gilt nämlich als Regel, daß die Küstenplätze nicht nur die wärmsten, sondern auch diejenigen sind, wo schädliche miasmatische Einflüsse, Fieber u. s. w. sich am stärksten geltend machen, sie sind also die ungesundesten. Dies trifft zu für Java, Sumatra, Borneo und den dazwischen gelegenen Inseln, während die Molukken auch an ihrer Küste nicht ungesund zu nennen sind.

Ein einigermaßen richtiges Bild von der Größe und der Bedeutung der genannten Inseln mag aus folgenden Vergleichen gewonnen werden: Die Umrisse von England, Schottland und Irland in ihrer gewöhnlichen geographischen Lage zu einander finden bequem innerhalb der Umrisse der Insel Borneo Platz, während noch sehr ansehnliche Stücke von letzterer seitlich hervorragen. Legt man zwei Karten vom Indischen Archipel und von Europa in demselben Maßstabe gezeichnet so aufeinander, daß die äußersten Westpunkte sich einander decken, so ragt die erstere bis weit nach Centralasien hinein. Sumatra allein ist größer als Großbritannien und Irland zusammen, Java und Luzon jedes viel größer als Irland. Zur weiteren Verdeutlichung dieser Verhältnisse diene eine vergleichende Tabelle des Flächeninhalts in abgerundeten Zahlen; es beträgt die Größe von:

Borneo:	748700 qkm	Deutschland:	540600 qkm
Sumatra:	442400 „	Frankreich:	528600 „
Celebes:	196300 „	Großbritannien:	315000 „
Java:	134600 „	Niederlande:	32850 „
Timor:	50100 „	Baden:	15081 „

Daraus erhellt zur Genüge die bedeutende Größe des Niederländisch-Indischen Archipels. Wenn trotzdem sogar die Niederländer selbst, obgleich seit zwei Jahrhunderten Besitzer dieser gewaltigen Länderstrecken, im Allgemeinen so wenig richtiges Urtheil über ihre Größe haben, so liegt dies wohl zum Theil in dem Umstande begründet, daß die europäischen Bewohner Indiens so häufig ihre dortigen Wohnsitze ändern und daß dadurch nach längerem Verbleiben fast alle dortigen Europäer mit einander bekannt werden.

Das Klima ist in einem solchen Grade warm und feucht, wie man es fast in keinem anderen Theile der Erde antrifft, und es scheint deshalb nicht überflüssig, auf die meteorologischen Beobachtungen, wie sie vom Observatorium zu Batavia für den Zeitraum von 10 Jahren, von 1866 bis 1875, aufgestellt wurden, etwas näher einzugehen.

Die Schwankungen des Barometerstandes sind nur gering; er beträgt im Mittel 758,62 oder zur Seehöhe reduzirt 759,4 Millimeter. Von größerer Bedeutung sind die Temperaturbeobachtungen, denen zufolge die mittlere Jahrestemperatur 25,84 ° C., bei einem Maximalstand des Thermometers auf 33,7 ° und einem Minimalstand auf 19,4 ° C., beträgt. Während hiernach für den ganzen zehnjährigen Zeitraum die größte Differenz im Thermometerstande nur 14,3 ° betrug, war der durchschnittliche Unterschied für den einzelnen Tag nicht größer als 5,35 ° C.

Die heißesten Monate sind April, Mai, Juni, August, September, October, November, in welcher Zeit das Thermometer gewöhnlich über dem Jahresmittel, also über 25,84 ° C. oder 20,67 ° Réaumur steht, während die Temperatur in den übrigen Monaten darunter bleibt. Im Dezember, Januar und Februar ist es bei vorherrschenden Westwinden (Westmonsun) kühler, in der Zeit von Mai bis October bei Ostwinden (Ostmonsun) wärmer; auch bei Vollmond steigt die Temperatur etwas an. Auf die einzelnen Tage vertheilen sich die Schwankungen des Wärmegrades in der Art, daß es während 10½ bis 11 Stunden von den 24 Tagesstunden wärmer ist als die mittlere Temperatur beträgt. Am kühlsten ist es Morgens von 5 bis 6 Uhr und überhaupt kurz vor Sonnenaufgang, dessen Zeit in den verschiedenen Monaten etwas variirt. Die größte Differenz, die an einem Tage beobachtet wurde, betrug 11,2 ° und die kleinste 1,3 °. Im Allgemeinen ist die tägliche Temperaturschwankung am größten im August, am kleinsten im Februar, und mag dies auch ein Grund dafür sein, daß der im Februar herrschende Westmonsun überhaupt als für den Körper angenehmer betrachtet wird, als der Ostmonsun, welcher wärmer ist und mit größeren Temperaturschwankungen einhergeht.

Denken wir uns den Tag in 4 Abschnitte zerlegt, so ergiebt sich, daß es von Sonnenaufgang bis Mittags am wärmsten im October und November, am kühlsten im Januar und Februar, von Mittags bis Sonnenuntergang am wärmsten im Mai, August und

September, am kühlsten im Januar und Februar, von Sonnenuntergang bis Mitternacht am wärmsten im April, Mai und September, am kühlsten im Dezember, Januar und Februar, von Mitternacht bis Sonnenaufgang am wärmsten im Juli und August, am kühlsten im April und Mai ist.

Die überhaupt sehr bedeutende Feuchtigkeit der Luft ist am hochgradigsten im Februar, am geringsten im August; außerdem steigert sich der Feuchtigkeitsgrad bei Westwind und ist am geringsten bei Nordostwind. Ungefähr steht hiermit im Einklange die Vertheilung der jährlichen Regenmenge auf die verschiedenen Jahreszeiten: im Dezember, Januar und Februar regnet es so viel, wie während der übrigen 9 Monate zusammen, am wenigsten im August. Bezüglich der Oertlichkeit regnet es in Westjava mehr als in Ostjava, im Binnenlande mehr als an der Küste; Buitenzorg auf Java, noch mehr aber Padang-Pandjang auf Sumatra sind als ungemein regenreiche Orte bekannt.

Was die vorherrschende Windrichtung anbetrifft, so ist diese schon durch die Namen der beiden großen Zeitperioden, des Ost- und Westmonsun, näher bezeichnet, von welchen noch ausführlicher die Rede sein wird. Hier verdient noch Erwähnung, daß an den besonders heißen Küstenstrichen auch noch den Land- und Seewinden eine nicht unwesentliche Rolle zukommt; der Seewind tritt ungefähr gegen 10 Uhr Morgens auf, wird allmählich stärker und erreicht gegen 2—3 Uhr Nachmittags sein Maximum, um dann langsam abnehmend gegen 6 Uhr Abends sich zu legen. Es folgt dann einige Stunden Windstille, worauf der Landwind ebenfalls allmählich beginnend Nachts sein Maximum erreicht und ungefähr gegen 7 bis 8 Uhr Morgens aufhört. Der Seewind ist gewöhnlich viel stärker als der Landwind, dabei meist heiß und zwar um so hochgradiger, über je größere heiße Landstrecken er hingezogen ist, so daß er an mehr im Binnenlande gelegenen Stellen als geradezu drückend heiß empfunden wird. Der Landwind dagegen ist meist kühl, ohne deshalb gesundheitsschädlich zu sein, während der heiße auftrocknende Seewind viel mehr Anlaß zu Erkrankungen an Katarrhen und Rheumatismus giebt und überdies manche schädliche Luftbeimengungen von den meist sumpfigen und ungesunden Küstengegenden her mit sich führt.

Die an anderen Orten des Archipels gemachten, wohl etwas weniger zuverlässigen Beobachtungen des mittleren Wärmegrades bewegen sich alle zwischen 21,2° C. in Fort de Kock auf Sumatra und 29,3° in Benkoelen auf derselben Insel, am häufigsten wird als mittlere Temperatur der bedeutenderen Orte 25—26° C. angegeben. Wesentlich ist es hierbei nur, im Auge zu behalten, daß der Mensch als lebendes und sich bewegendes Wesen sowohl den durch das Thermometer meßbaren Temperaturschwankungen, als auch allen den Einflüssen ausgesetzt ist, die bei den Messungen ausgeschaltet werden; denn durch die Einwirkung von Sonnenschein, Wind und Regen, durch die Verdunstung des Schweißes und andere Vorgänge unterliegt der Mensch noch ganz anderen Bedingungen, so daß für ihn die Temperaturschwankungen factisch größer sind, als sie das Thermometer anzeigt.

Wenn wir das Resultat der obengenannten Durchschnittszahlen und besonders der für Batavia angegebenen Zahlen in's Auge fassen, so sehen wir, wie gering die Temperaturschwankungen in dieser Gegend sind; diese fortdauernd hohe Temperatur würde aber wohl nicht so gut ertragen werden, wenn nicht besonders ein Factor den Einfluß der großen Wärme auf den menschlichen Körper milderte, nämlich der geringe Unterschied in der Dauer von Tag und Nacht: mit sehr unbedeutenden Schwankungen steht die Sonne 12 Stunden lang am Himmel, um dann für ebenso lange Zeit zu verschwinden. Die Folge davon ist, daß die Hitze in Indien immer noch erträglicher ist, als an heißen Sommertagen in Europa oder Nordamerika, wo die directe Sonnenwärme länger auf den Körper einwirkt und während der relativ kurzen Nacht nur wenig Abkühlung möglich ist. Außerdem bringt die räumlich sehr weitschweifige, luftige Anlage von Städten und Häusern, wie auch der Wechsel zwischen Land- und Seewind mit sich, daß die Wärme weniger lästig wird, während den in den danach genannten Jahreszeiten (Monsun) wehenden Ost- und Westwinden ein solcher kühlender Einfluß nicht zukommt; besonders in der trockenen Jahreszeit werden die herrschenden Winde nicht selten als glühend heiß empfunden. In der Uebergangsperiode zwischen Ost- und Westmonsun ist die Windrichtung ganz unbestimmt, es herrscht bald Windstille, bald treten Gewitter auf und die Hitze ist jetzt gewöhnlich am drückendsten; diese Uebergangszeit ist deshalb auch als die ungesundeste anzusehen.

Natürlich verändert sich der mittlere Wärmegrad je nach der Höhenlage der Orte. Gebirgsgegenden sind viel kühler, stellenweise sogar sehr kalt, und wenn auch die Schneelinie am Aequator sehr hoch über der Ebene liegt, so wird doch hier auch Reif und Eis in den höchsten Bergstrecken hin und wieder beobachtet. Ueberdies sind die täglichen Schwankungen des Thermometerstandes auf den Bergen viel größer, als in tiefergelegenen Gegenden; beispielsweise findet sich vom Sindoro in der Residentschaft Kadu als Temperatur angegeben am Morgen — 3,3°, im Laufe des Tages + 6,5° und Abends + 2,2° C., Schwankungen, wie sie in Batavia nicht vorkommen. Dabei sind auf Java die nach Westen gelegenen Gebirgszüge im Allgemeinen kühler als die östlichen. Auf den Feuchtigkeitsgehalt der Luft scheint die Höhenlage ohne besonderen Einfluß zu sein, da derselbe nicht selten an hochgelegenen Plätzen sogar größer als in den Niederungen ist.

Die besprochenen Eigenschaften der Luft, ihre große Feuchtigkeit gepaart mit der hohen Temperatur, tragen zu einer regen Entwicklung von niederen Organismen der Thier- und Pflanzenwelt bei, so daß zum Beispiel den Bücher- und Gemäldesammlungen außer durch die Feuchtigkeit auch durch das Auftreten des Schimmelpilzes und zahlreicher Insekten wesentlicher Schaden zugefügt wird. Andererseits treten aber auch Erscheinungen auf, welche dem scheinbar widersprechen: die große Hitze kann sehr lästig sein bei Verrichtungen, wobei man etwas absichtlich einige Zeit feucht erhalten will, z. B. weiß Jeder in Indien, wie sehr er sich beim Rasiren beeilen muß, da sonst der Seifenschaum eintrocknet; ebenso pflegen sich die Eingeborenen nach dem Baden nicht abzutrocknen, da dies von Luft und Wind vollkommen und auf's Schnellste besorgt wird. Auch auf die Functionen des menschlichen Körpers üben die beiden Factoren einen Einfluß aus, der sich aus den Ziffern der meteorologischen Beobachtungen nicht immer so ohne Weiteres folgern läßt.

So ist die andauernde beträchtliche Feuchtigkeit der Luft wohl eine der Hauptursachen davon, daß die meisten Menschen schon bei mäßiger körperlicher Anstrengung so außerordentlich stark schwitzen; dabei bewirkt aber wieder die hohe Temperatur eine so regelmäßige Verdunstung der auf der Haut abgeschiedenen Feuchtigkeit, natürlich nur bei gewöhnlicher, nicht übermäßig anstrengender Arbeit, daß es zur Bildung von Schweißtropfen gar nicht kommt, wenigstens nicht bei Leuten, die schon längere Zeit in tropischen Klimaten verweilten und als acclimatisirt betrachtet werden können. Gerade diese rasche Schweißverdunstung macht es erklärlich, daß Erkältungen so häufig und in so heftigem Grade vorkommen in einem Lande, wo man eigentlich das Gegentheil erwarten sollte. Ja, auch die Einwirkung der brennenden Sonnenstrahlen giebt zeitweilig Anlaß zu einer außerordentlich schnellen Verdunstung des über der Körperhaut verbreiteten Schweißes, welche durch bewegte Luft noch mehr beschleunigt wird; es kommt dann vor, daß die Salze des verdunsteten Schweißes als kleine Krystalle auf der Haut zurückbleiben, und als ein feiner Staub für das Gefühl mit der Hand erkennbar sind. Manche empfinden auch bei schroffem Uebergang aus dem Schatten in heißen Sonnenschein kalte Schauder, die gleichfalls durch die rapide Verdunstung des Schweißes und die damit verbundene Hautabkühlung zu erklären sind.

Was hier gesagt ist, gilt besonders von Europäern, die schon längere Zeit in Indien verweilten; neu angekommene transpiriren in der Regel viel stärker. Bei ihnen entwickeln unter den noch ungewohnten äußern Bedingungen die Schweißdrüsen eine sehr gesteigerte Thätigkeit und zwar in solchem Maaße, daß die auftrocknende Wirkung der heißen Sonnenstrahlen weniger oder nicht mehr so vollkommen bemerkbar wird. In der That sehen wir denn auch, daß sie nicht so viel von Erkältungs- und rheumatischen Krankheiten befallen werden, als die schon längere Zeit dort Ansässigen. Bei den Eingeborenen zeigen sich alle diese Erscheinungen in weit geringerem Maaße. Zwar sieht man wohl zuweilen Kuli's (indische Tagelöhner, besonders Lastträger), bei welchen der Schweiß am Körper förmlich herunterrinnt, wenn sie schwere Lasten zu schleppen oder andere schwere Arbeit zu verrichten haben; aber die Regel ist, daß sie nicht sehr stark schwitzen, während eine regelmäßige Verdunstung bewirkt, daß ihre Haut sogar kühl anzufühlen ist. Man muß deshalb annehmen, daß den Eingeborenen überhaupt eine geringere Empfindlichkeit gegen Hitze und Feuchtigkeit schon angeboren ist, wie man auch denselben Zustand, wenn auch nicht immer so ausgesprochen, bei Mischlingen und z. B. nicht bei Kindern europäischer Eltern antrifft.

Wie schon gesagt wurde, stehen sich im Allgemeinen zwei Witterungsperioden gegenüber, welche Ost- und Westmonsun genannt werden und deren ersterer in den Monaten Mai bis November und deren zweiter von November bis Mai, wenn auch nicht immer mit scharf ausgesprochener Trennung, herrscht. Die Bezeichnung als Ost- und Westmonsun ist vom wissenschaftlichen Standpunkte aus sicher vorzuziehen der Benennung als trockener und nasser Monsun, da die Windrichtung durchaus dem Namen der betreffenden Jahreszeit entspricht, während dies bezüglich der athmosphärischen Niederschläge nicht so vollkommen der Fall ist. Wohl fällt bei weitem der meiste Regen im Januar, Februar und Dezember, dagegen ist der Ostmonsun auch nicht jederzeit trocken, und außerdem ist im Juni und October noch eine Steigerung der Regenmenge wahrzunehmen.

Ein Blick in die Tabellen der Regenbeobachtungen lehrt uns, daß nur an wenigen Tagen gar kein Regen fällt, wenn auch die Menge desselben sehr wechselt. Doch ist ungeachtet dessen der Eindruck, welchen besonders die Küstenplätze auf den Neuankommenden machen, sehr verschieden je nach der Zeit, zu welcher er in Indien ankommt. So möchte der erste Eindruck Batavia's auf den Ankömmling mitten während des Ostmonsuns wohl nicht der freundlichste sein. Vor sich sieht er die spiegelglatte See durch keinen oder nur sehr schwachen Wind bewegt und in sengender Hitze nähert er sich dem Eingange des Flusses, dessen Ufer aus dunkelbraunem, stellenweise rothfarbenem, ausgetrocknetem und große Spalten zeigendem Lehmboden bestehen, während das trübe Wasser fast die gleiche Farbe zeigt. Der dunkelblaue, kaum einige zarte, weiße Wolken zeigende Himmel wölbt sich über ihm. Die weißgetünchten Häuser und kiesbestreuten Wege reflectiren ein so starkes schillerndes Licht, daß die Wahrnehmung von Details auf einigermaßen größeren Abstand nicht möglich ist, um so weniger möglich in Folge des starken Vibrirens der aufsteigenden erhitzten Luft. Ist es vollständig windstill, so treten nicht selten auf weiteren Flächen Luftspiegelungen auf. Die Wege sind durchzogen von kleinen Rissen und Sprüngen und nur an ihren Rändern sind einzelne Grashälmchen sichtbar, die durch den dick auflagernden Staub mühsam einige grünliche Färbung durchschimmern lassen. Wenn der Ankömmling die Stadt durchfährt, gewöhnlich in einem stoßenden, schmutzigen Fahrzeug, welches dem allgemein üblichen Namen Wagen keine Ehre anthut, sieht er alle Gebäude mit einer dicken Lage Staub von braunrother Farbe bedeckt. Trifft er hier und da eine Fläche an, die mit Gras bewachsen scheint, so nimmt er darauf dieselbe rothbraune Färbung wahr, mit einzelnen grünlichen Schattirungen, aber auch einigen ganz schwarz versengten Stellen, während auch die Bäume mit derselben Staublage bedeckt sind und allein ihre jüngsten Schößlinge eine hellere lichtgrüne Farbe besitzen. Die zu Fuß wandernden Eingeborenen zeichnen sich nicht gerade durch Ueberfluß oder Reichthum an Kleidern aus und bei denen, welche Lasten tragen, bildet der herabrinnende, mit Staub vermengte Schweiß mißfarbige Figuren auf Brust und Rücken. Ueberall trifft er den Staub an, den Schrecken reinlicher Hausfrauen, und erst gegen Abend beginnt der Eindruck etwas weniger ungünstig zu werden, weil sich dann bei Abnahme des blendenden Sonnenlichtes die verschiedenen Farbenschattirungen und dadurch auch die Formen der Gegenstände besser unterscheiden lassen. In den staubbedeckten Hecken erscheinen kleine weiße, rothe und violette Blumen und das Grün der Baumblätter wird mehr sichtbar; aber lange währt dies nicht, sehr bald bricht die Nacht mit ihrer Dunkelheit herein, einer Dunkelheit, wie sie selten in dem Grade in der Heimath wahrgenommen wurde.

Erhellt aber ein klarer Sternenhimmel mit prächtigem Mondschein die Finsterniß und weht der Landwind einige Erfrischung zu, dann entfaltet sich vor dem Beschauer eine Natur, wie er sie nimmer sah und die ihn bezaubern kann. Das glänzende Mondlicht, so hell, daß dabei sehr gut gelesen werden kann, läßt die den Mond umkreisenden Sterne erbleichen, während in weiterer Ferne davon die Gestirne in einem Glanze strahlen, wie er wohl nur selten in einer klaren Winternacht in Europa wahrgenommen wird. Die helle Milchstraße breitet sich wie ein lichter Streif über den Himmel aus, und man erkennt die Sternbilder des großen Bären und Orion, während an der entgegengesetzten Seite der Scorpion und das südliche Kreuz sichtbar werden. Nicht selten gesellt sich zu dieser nächtlichen Pracht blendendes Wetterleuchten von Süden her, wobei die über den Bergen lagernden Wolken in jedesmal wechselnder Beleuchtung und phantastischer Färbung erscheinen; dabei spielt der Wind in den glatten tiefeingezackten Blättern der Palmen — der Fürsten der Pflanzenwelt — und läßt sie unzähligen blitzenden Schwertern gleichen.

Kommt der Fremdling aber während des Westmonsuns in Indien an, dann ist das Bild, und damit auch der erste Eindruck, ein ganz anderes. Der hellblaue Himmel ist abwechselnd mit weißen, grauen oder dunkleren Wolken, öfter in Form von Schäfchenwolken, bedeckt; die See ist nicht so ruhig und glatt und häufig läßt sogar der starke Wogenschlag an ein Ausladen des Schiffes nicht denken. Es weht ein heftiger Wind und in geräuschvollen Strömen stürzt der Regen herab, daß man dabei an eine zweite Deucalionsfluth denken könnte. Nach solch' einem Regenguß tritt eine wohlthuende Ruhe ein; ein angenehmes durch die Wolken gemildertes Licht beleuchtet die Scene, wobei die hellblauen Berge den schönen Hintergrund eines prächtigen Panoramas bilden. An den von schmutzig-gelber Fluth bespülten Flußufern prangt ein üppiger Pflanzenwuchs in den verschiedenen Schattirungen des Grün, wobei auch die dunkler gefärbten Blätter eine Frische zeigen, welche nur durch die der jüngeren Schößlinge übertroffen wird. Von dieser Grundfarbe hebt sich hier und da gelb oder roth gefärbtes Laub einzelner Baumarten ab und Blumen und Früchte sind in ihren natürlichen Farben sichtbar. Die rasch auftrocknenden Wege spiegeln nicht mehr so stark das Licht wieder und die weißen Häuser sind befreit von der häßlichen dicken Staubschicht. Man findet es nicht übermäßig heiß, weil die Sonne weniger anhaltend scheint und der Westwind Kühlung bringt; Abends bei Sonnenuntergang ertönt dann der lebhafte Gesang und das Gezwitscher der Vögel, begleitet von dem endlosen Summen und Zirpen tausender von Insekten und schließlich übertönt durch das erstaunlich laute Quaken zahlreicher riesiger Frösche. Obgleich die Abende, des bedeckten Himmels wegen, meist dunkler sind, herrscht doch im Allgemeinen dann mehr Frische und Lebendigkeit in der Natur, als während des Ostmonsuns.

Dies von den beiden Monsuns entworfene Bild ist besonders für die Küstenplätze zutreffend, da die Abgrenzung der Jahreszeiten von einander im Binnenlande, besonders in den höher gelegenen Gegenden, keine so scharfe ist und der jeden Mittag fallende Regen dort der ganzen Natur ein frischeres Ansehen verleiht. Von der Pracht der letzteren macht man sich kaum die richtige Vorstellung; Multatuli hat viel eher Recht, wenn er „Insulinde" einen „Gürtel von Smaragd" nennt, als ter Haar, wenn er davon als dem „Lande der Farben, Land der Sonne" spricht; richtiger, wenn auch nicht so poesievoll, würde Letzterer gesagt haben: „Land der Farbe, Land der Sonne", wenn er dabei ausschließlich die grüne Farbe im Auge hatte; denn man darf mit Recht sagen, daß die übrigen Farben der prächtig gezeichneten Blumen und Früchte in dem Alles übertönenden Grün erst gesucht werden müssen, daß sie sich aber kaum von selbst dem Auge darbieten.

Wenn das grelle durch die breiten Wege und weißen Häuser zurückgeworfene Tageslicht auch im Allgemeinen noch erträglich ist, so kann es doch bei erhöhter Empfindlichkeit des Auges nöthig werden, dasselbe durch eine dunkle Brille zu schützen, wobei man außerdem den Vortheil hat, daß man durch Abblendung des Lichtes erstaunlich viel mehr durch diese Brille sieht; beispielsweise ist ihr Gebrauch Landschaftsmalern sehr anzurathen, weil sie dann Alles viel deutlicher wahrnehmen können. Das Sonnenlicht belästigt am meisten in den ersten Morgenstunden, etwa gegen 9 Uhr Vormittags; sobald sich die Sonnenstrahlen nach dieser Zeit mehr der lothrechten Richtung nähern, werden sie weniger unangenehm gefunden. Dabei ist aber der gewohnheitsmäßige Gebrauch einer Rauchglasbrille bei sonst gesunden Augen, wegen der Verwöhnung derselben, dringend abzurathen.

In den Häusern herrscht bei Tage gewöhnlich ein matteres Licht wegen des steten Verschlossenhaltens der Jalousien. In Folge dessen contrastirt die starke Helligkeit der offenen Gallerien sehr mit der Dunkelheit, die in den geschlossenen Zimmern herrscht, und die öftere schnelle Abwechselung zwischen Hell und Dunkel beim Gehen durchs Haus führt dann auch häufig eine Empfindlichkeit der Augen gegen Licht herbei. Die letzteren sind überhaupt vielen Insulten ausgesetzt, so verursacht auch der während des Ostmonsuns von den Straßen aufwirbelnde Staub häufige Entzündungen des Auges, welche bei den Eingeborenen durch Vernachlässigung oft genug einen gefährlichen Grad annehmen.

Obgleich, wie schon erwähnt wurde, die Temperatur bei hellerem Mondschein nach thermometrischen Messungen etwas wärmer ist, so sind doch dem Gefühl nach die helleren Abende und Nächte gewöhnlich kühler, als die dunkeln, und es muß mit Wahrscheinlichkeit der stärkeren Ausstrahlung zugeschrieben werden, daß man sich bei dem Aufenthalte im Freien an solchen Abenden häufiger als an andern erkältet. Obgleich dies allgemein bekannt ist, besteht doch in größeren Städten die Sitte, gerade die helleren Abende zur Abhaltung von Concerten, Feuerwerk und dergleichen im Freien auszuwählen.

Wohnungen.

Die Anlage der Bauten zeigt wesentliche Unterschiede, je nachdem sie zu öffentlichen Zwecken, oder als Wohnung für Europäer, für Eingeborene oder für die gleichfalls sehr zahlreich vertretenen Chinesen bestimmt sind. Die Letzteren wohnen übrigens öfter, Europäer zuweilen in einer für die Eingeborenen bestimmten Behausung.

Voran gehe die Bemerkung, daß Gebäude mit Stockwerken im Allgemeinen nicht üblich sind; ein vornehmlicher Grund, nur Erdgeschosse zu bauen, wenn auch mit einiger Erhöhung über dem Erdboden, und keine Etagen darüber anzubringen, liegt in dem häufigen Vorkommen von Erdbeben, ein zweiter Grund ist der, daß das Unterhaus gerade durch das Anbringen von Stockwerken feuchter und weniger luftig wird; und ein dritter endlich, daß das Treppensteigen im heißen Klima unter die stärkeren körperlichen Anstrengungen gehört und einmal an sich schon strapaziöser als in kühleren Gegenden ist, dann aber auch dies noch mehr durch das Ungewohnte dieser Art von Bewegung wird.

Oeffentliche Gebäude: Schulen, Kasernen, Gefängnisse, Zuchthäuser, Hospitäler, Kirchen, Theater und dergl. gehören in Indien nicht zu den Dingen, bei deren Einrichtung man die Lehren der Hygiene zu berücksichtigen pflegt. So lassen besonders Privat-Schulen häufig genug sehr viel zu wünschen übrig. Die meisten dieser Schulen sind in gewöhnlichen Häusern eingerichtet, ohne daß irgend eine der Abänderungen, wie sie hierzu nothwendig sind, vorzunehmen für nöthig befunden wurde. Es bestand z. B. zu Batavia bis vor Kurzem eine Schule in einem Local, welches früher als photographisches Atelier benutzt wurde. Wer jemals in Indien sich hat photographiren lassen, kennt den hohen, fast beängstigenden, in derartigen Etablissements herrschenden Wärmegrad. Jeder Arzt hat bemerken können, wie oft besonders kleinere Kinder nach ihrer photographischen Aufnahme krank wurden und die Photographen selbst sind dessen so gewiß, daß sogar manche von ihnen die Eltern vorher selbst vor dieser Gefahr warnen. Um so schnell wie möglich fertig zu werden, bestellt der Photograph kleine Kinder gewöhnlich schon in den frühen Morgenstunden, weil es dann bei dem starken Licht meist nur einer ganz kurzen Sitzung bedarf, aber die Hitze ist auch dann schon in dem Atelier sehr groß und die Prozedur zieht sich häufig genug durch mehrmals nöthige Aufnahmen länger hin. Es ist nicht zu verwundern, daß noch dazu bei der meist für diese Tagesstunde ungewohnten Bekleidung und dem Transport in den schlechten Fahrzeugen die Kinder nach solch einem Unternehmen krank werden, und mit vollem Rechte verbieten es daher manche Aerzte, Kinder in ihren ersten Lebensjahren den Gefahren eines, wenn auch nur kurzen, Aufenthalts in einem photographischen Atelier bloszustellen. Daß nun in einem Local, welches früher solchen Zwecken gedient, eine Schule für kleinste Kinder besteht, ist sicherlich ganz zu mißbilligen. Die neue sogenannte Fröbelschule in Batavia entspricht vollkommen allen Grundsätzen der Hygiene.

Dagegen haben andere Privatschulen ebenfalls viele im hygienischen Sinne fehlerhafte Einrichtungen. Sie liegen oft in sehr enggebauten Stadtvierteln und haben schon dadurch eine ungenügende Luftzufuhr, die durch das Schließen der Jalousien, oder durch das Anbringen von mit dickem Kattun bekleideten Vorsetzern in den Thür- und Fensteröffnungen noch mehr vermindert wird, welche verhindern sollen, daß die Aufmerksamkeit der Kinder nach außen hin abgezogen wird. In einigen Schulen bestehen die Räume nur aus einer Art von Holzschuppen, welche nur an der einen Seite durch eine Mauer abgeschlossen sind, dadurch aber den Nachtheil haben, daß das Licht nur von einer und häufig genug gerade von der für das Schreiben ungünstigen Seite einfällt. Ueberdies giebt, wenn nicht das Licht, damit gleichzeitig aber auch die Ventilation, durch Bäume abgehalten wird, der Boden einen starken Reflex, den man durch das Anbringen von aus dickem Segeltuch verfertigten Schirmen zu vermindern sucht, wodurch dann aber der Raum wieder fast ganz abgeschlossen wird. Ebenso wird auch der Bodenbeschaffenheit im Allgemeinen keine Beachtung geschenkt und man sieht häufig an den Mauern der Schulräume eine landkartenartige, grüne Zeichnung sich einige Fuß hoch über dem Boden erheben, verursacht durch die heraufziehende Feuchtigkeit und Schimmelbildung.

In viel besserem Zustande befinden sich die Gouvernementsschulen, die Lokale sind in den letzten Jahren über dem Boden erhöht erbaut, mit vortrefflichen Fußböden von Stein versehen und haben die nöthige Vorrichtung, durch zweckmäßig angebrachte Jalousien das nach Außensehen zu verhindern, während gleichzeitig auch die Möglichkeit einer guten Ventilation derselben besteht.

Um nun einiges über die Gefängnisse in Indien zu sagen, so muß zugegeben werden, daß die zweckentsprechende Einrichtung solcher Bauten besonders in den Tropen sicher zu den schwierigsten Fragen gehört. Die Gefängnisse in Indien sind ja im Allgemeinen schlecht, aber man möge nicht verkennen, daß die Vereinigung einer sicheren Absperrung mit der Trennung der verschiedenen Classen und mit den hygienischen Maßregeln auf erhebliche Schwierigkeiten stößt. Vor Allem scheint es, daß die Menschenliebe, so schön sie auch sei, doch wohl etwas zu weit getrieben werden kann gegenüber Leuten, welche der menschlichen Gesellschaft hinderlich wurden und deren Entfernung daraus für kürzere oder längere Zeit nöthig war. Denn hält man auch die Regeln der Gesundheitslehre möglichst im Auge, so braucht doch ein zu Strafen bestimmtes Gebäude kein Palast zu sein. Solche Bestrebungen müssen ihre Grenzen haben und es liegt, scheint es, etwas Unbilliges darin, das bestrafte, für die menschliche Gesellschaft durch eigene Schuld unbrauchbare Individuum in bessere und angenehmere Verhältnisse zu bringen, als den, der nichts verbrochen hat. Man sollte meinen, daß es eher das Ziel der wahren Humanität sein müsse, für die braven Menschen zunächst zu sorgen, und dann erst den Verbrecher an die Reihe kommen zu lassen. Ob aber die Philanthropie nicht etwas zu weit getrieben wird, wenn sie den Aufenthalt im Gefängnisse besonders für den Eingeborenen zu einem frommen Wunsche zu machen sucht, ist eine bedeutungsvolle Frage, dennoch scheint dies in der letzten Zeit einigermaßen der Fall zu sein.

Wie überall, so muß man besonders im heißen Klima auf das hygienische Verhalten von Gebäuden achten, welche für öffentliche Vergnügungen oder für Versammlungen größerer Menschenmengen bestimmt sind. Ventilation und noch einmal Ventilation ist da die Hauptsache. Der geringe Unterschied der Temperatur in und außer dem Hause läßt aber selten oder gar keine Zugluft zu Stande kommen und nur wenn genug Oeffnungen in den Wänden vorhanden sind, besteht jeder Zeit eine genügende Luftströmung, ohne daß es besonderer Einrichtungen für Lufterneuerung bedarf, denn durch die Anwesenheit vieler Menschen in einem Lokal wird von selbst die Luft wärmer und tritt durch die Oeffnungen nach außen, um durch frische nachströmende Luft ersetzt zu werden. Die meisten indischen Kirchen genügen in dieser Beziehung nicht, zumal die Thüren während des Gottesdienstes geschlossen werden. Die für öffentliche Vergnügungen bestimmten

Gebäude, Theater und dergl., bieten im heißen Klima insofern besondere Schwierigkeiten dar, als es kaum zu bewerkstelligen ist, die nöthigen Oeffnungen anzubringen und gleichzeitig doch eine gute Akustik zu bewahren. Es scheint richtiger und nöthig, die letztere lieber zu Gunsten einer besseren Ventilation zu opfern, was denn gewöhnlich auch geschieht. Wie oft klagen aber infolge dessen Sänger oder Sängerinnen über die Anstrengung, welche von ihrer Stimme beim Singen in einem Gebäude verlangt wird, welches fast mit der freien Luft verglichen werden kann! Daß die Klagen nicht übertrieben sind, wird deutlich bewiesen durch das Auditorium, welches sich mit Zuhören außerhalb des Hauses begnügt. Große Concerte finden gewöhnlich im Freien, besonders an Mondschein-Abenden statt; daß durch den Besuch derselben häufig Erkältungs-Krankheiten entstehen, ist bereits angedeutet worden. Wie diese abendlichen Vergnügungen, so hat auch der ungewohnte Aufenthalt in der Morgenluft, etwa von 7 bis 9 Uhr, einen gesundheitsschädlichen Einfluß, gegen den besonders europäische Kinder empfindlich sind.

Die Gasthäuser sind vom hygienischen Standpunkte aus im Allgemeinen schlecht, die Zimmer haben zu wenig Luft und Sonnenschein.

Die Wohnhäuser der Europäer haben mit wenig Abweichungen denselben Typus, groß oder klein gleichen sie im Wesentlichen einander sehr. Alle sind nach dem alten griechischen Baustyl gebaut und betrachten wissenschaftlich gebildete Baumeister mit Recht besonders die kleineren Häuser als groteske Nachbildungen dieses Styls. Historisch läßt sich das Entstehen der Vorliebe für diesen Styl dadurch erklären, daß die alte Ostindische Compagnie auf den ungesunderen aber ihr hierzu allein zur Verfügung stehenden Küstenplätzen ihre Städte zunächst nach Art der niederländischen baute. Der Einfluß des Mangels an frischer Luft machte sich aber hier zugleich mit Malariaerscheinungen fühlbar und große Sterblichkeit und Epidemien waren die Folge davon; man dehnte deshalb die Städte mehr landeinwärts aus und suchte zugleich mehr geräumige, luftige Häuser zu errichten; in Folge dessen entstanden Gebäude mit sehr breiten Vorder-, Innen- und Hinter-Gallerien, die so groß genommen wurden, daß für die Zimmer nur wenig Platz übrig blieb. Früher, als noch häufige große Gesellschaften und Festlichkeiten üblich waren, kamen den Bewohnern dieser Häuser die großen Räume sehr zu Statten, worin so viele Personen zugleich sich bewegen, tanzen, speisen und Karten spielen konnten; nun, wo die Zeiten in finanzieller Beziehung weniger günstig sind, sind die Häuser für Viele zu weitläufig und die großen Gallerien unbehaglich, sie mit Möbel auszustatten würde zu theuer sein und viele möchten sich statt dessen die Kammern etwas größer wünschen.

Der allgemeine Typus ist nun der: eine offene Vordergallerie, eine Innengallerie (Corridor) mit daranstoßenden Zimmern und eine offene Hintergallerie; daß zuweilen noch einige Zimmer nach der Vorder- oder Hintergallerie hin ausmünden, daß ein an drei Seiten offener *pendopo* (Veranda) sich hinter dem Hause befindet, daß die Innengallerie bald einmal längs, bald quer durchs Haus geht, sind kleine Abweichungen. Als Regel muß aufgestellt werden, daß nur zu beiden Seiten des Hauses je eine Reihe Kammern sich befindet mit Thüren, die sich nach der Innengallerie, und Thüren oder Fenster, die sich nach außen öffnen. Kammern, welche Licht und Luft aus zweiter Hand empfangen, sind stets ungesund und mögen, wenn sie einmal vorhanden sind, nicht als Schlafkammern benutzt werden. Es ist besonders an den Küstenplätzen wünschenswerth, daß die Längsachse des Hauses mit einer Abweichung von höchstens 18—19° von Nord nach Süd verläuft; auch in den im Innern gelegenen Orten ist diese Richtung am meisten geeignet wegen der Möglichkeit, die Sonnenstrahlen in die Kammern, welche dann nach Ost und West gewendet sind, hineinscheinen zu lassen. Bei dieser Anlage hat man an den Nord- und Südküsten der Inseln noch den Vortheil, daß man Land- und Seewind je nach Wunsch durch die ganze Länge des Gebäudes streichen lassen kann, was an der Ost- und Westküste dann nicht der Fall ist, während hier die auftrocknende Einwirkung der Sonnenstrahlen die Hauptsache bleibt. Hat man zur Errichtung eines neuen Hauses die freie Wahl des Untergrundes, dann ist ein hochgelegenes sandiges Terrain jeder Zeit das beste; da sich aber die freie Wahl nicht oft bietet, so muß man sich dadurch zu helfen suchen, daß man den Grund gut umgraben und einige Zeit brach liegen läßt, damit die Zersetzung anwesender organischer Stoffe dadurch befördert wird und die freie Luftbewegung auf die Entfernung schädlicher Gase hinwirkt. Ferner würde eine Vermengung mit Sand oder mit in der Sonne völlig ausgetrockneten Korallenstücken den Boden verbessern. Die beim Legen der Fundamente ausgegrabene Erde soll zur Erhöhung der Fußböden nicht verwendet, hierzu vielmehr Sand vorgezogen werden; außerdem ist es von Vortheil, die Häuser rasch hoch über den Grund zu bauen und zwar um so höher, je näher sie an der Seeküste oder dem Flußufer liegen, denn die Beobachtung lehrt, daß die schon früher erwähnte durch Feuchtigkeit und Schimmelbildung bedingte grüne, landkartenähnliche Zeichnung an den Mauern um so höher steigt, je näher das Haus dem Wasser steht. Ebenso vortheilhaft wirkt auch die Anbringung einer ventilirenden Luftströmung unter dem Hause und zwar in der Weise, daß man bei Häusern mit steinernen Fußböden Gewölbe darunter anlegt, während bei denen mit Holzfußböden über steinerne Stützen gelegte Balken dieselben Dienste thun können. Die Erhöhung des Fußbodens über dem Erdboden wechselt nach den Verhältnissen, kann aber ungefähr auf einen halben bis ganzen Meter bemessen werden.

Steinfußböden sind stets vorzuziehen, am besten sind die von Marmor oder Eskozijn'schen Steinen.*) Außer dem großen Vortheil, daß diese viel weniger leicht schädliche Stoffe in sich aufnehmen können und sich besser reinigen lassen, als Holzfußböden oder die von gewöhnlichen rothen Steinen, bieten sie auch den durch die Termiten oft verursachten Zerstörungen viel mehr Widerstand. Sie haben nur den Nachtheil, daß man daran gewöhnt sein muß, da sie sonst die untere Körperhälfte zu stark abkühlen und bei Kindern, die mit bloßen Füßen darauf herumlaufen oder sehr leicht bekleidet darauf sitzen, leicht zu Erkältungen Anlaß geben.

Die weißen Ameisen oder Termiten sind in fast allen Häusern die stets zu bekämpfenden Feinde; man muß täglich gegen dieselben vorgehen und sind verschiedene Mittel zu ihrer Vertreibung und Tödtung empfohlen worden; nicht flüchtige mineralische Gifte scheinen am meisten wirksam zu sein und unter ihnen steht Sublimat (Quecksilberchlorid) obenan, welches in starker Auflösung in die von den Thieren selbst geschaffenen Oeffnungen hineingegossen oder mit dem Untergrund unter den Fußböden gemengt wird. Den Sublimatlösungen müssen stets stark riechende Stoffe z. B. Terpentinöl zugesetzt werden, um dadurch zufällige Vergiftungen zu verhüten. Vielleicht würde auch Gelatine, die fein vertheilten Schwefelkohlenstoff enthält

*) Eskozijn'sche Steine sind eine Granitart, welche ihren Namen von ihrem hauptsächlichsten Fundorte, Eskozijn bei Lüttich in Belgien, hat. In rohem Zustande blau mit weißen Einsprengungen erscheint der Stein polirt fast schwarz und weiß durchmasert.

und in letzter Zeit besonders in Frankreich gegen gewöhnliche Ameisen mit gutem Erfolg angewendet wurde, sich hier nützlich erweisen; die Gelatine löst sich durch die Feuchtigkeit des Bodens langsam auf und der Schwefelkohlenstoff verflüchtigt sich nach und nach. Um das Haus herum muß der Grund gut und fest aufgehäuft und mit Grasarten bepflanzt sein; noch besser ist es einen Platz rund um das Haus herum in schräg abfallender Fläche zu cementiren, um dem von den Dächern herabrinnenden Wasser besseren Abfluß zu verschaffen.

Breite um das ganze Haus herumlaufende Gallerien behindern sowohl die Einwirkung der Sonnenstrahlen als die ausgiebige Lufterneuerung. Höchstens mag man das Dach etwas vorspringen lassen oder an Stelle dessen die Fenster allein mit kleinen Schirmdächern versehen, welche eben noch das Eindringen von Regen und von zu starkem Sonnenschein verhüten, aber doch genügend Licht einfallen lassen. Sie müßten ungefähr 1 1/2 Ellen breit und würden am besten von Eisen verfertigt sein.

Die Mauern sind in größeren Häusern von Stein, in den kleineren häufig von Brettern oder Bambu; besonders an Orten, wo viel Erdbeben vorkommen, sind bretterne Wände vorzuziehen. Sowohl die in Stein als in Bambu aufgeführten Mauern werden mit Kalk überstrichen, sehr selten nur mit Tapeten überzogen, weil diese zu viel Gelegenheit zur Ansammlung von Staub geben und ihre Instandhaltung größere Kosten verursacht. Je einfacher die Mauern, je weniger Verzierungen daran angebracht sind, desto besser; auch das zuweilen schöne Stuckaturwerk wird ein Sammelplatz von Staub und durch eine Art von Schlupfwespen zum Bauen ihrer Nester gern benutzt. Sowohl in hygienischer als finanzieller Beziehung sind also die einfachen mit weißem Kalk überstrichenen Mauern bei weitem die besten.

Die Zimmerdecken werden gewöhnlich in Holz angelegt, indem Bretter von unten an den Querbalken befestigt werden; sie sind dann in der Regel bunt gemalt. Nicht selten werden auch zur Herstellung der Decken feste Matten von geflochtenem Bambus angewendet, die mit chinesischem Papier beklebt und dann mit Kalk geweißt werden; besonders in den Wohnungen der minder Bemittelten und in manchen inländischen Schulen findet man solche Decken. Es ist bestimmt davon abzurathen, da der Kalk sich leicht, besonders durch das darüber Hinlaufen von Ratten, Mäusen und ähnlichen Thieren loslöst, das

Papier austrocknet und reißt, und der abfallende Kalk die Luft verunreinigt. Hölzerne Zimmerdecken sind deshalb viel besser, doch muß man dafür sorgen, nur trocknes Holz zu nehmen, da die Bretter sonst einlaufen und durch die in Folge dessen entstehenden breiten Spalten Staub und Schmutz ins Zimmer herunterfällt. In den Nebengebäuden für die Dienerschaft sind in der Regel keine Decken, sondern die Zimmer liegen unmittelbar unter dem Dach. Die Fenster müssen so groß wie möglich genommen werden und sowohl durch Glasscheiben als durch Jalousien geschlossen werden können, ebenso wie auch die Thüren, welche ins Freie führen; bei den innern Zimmerthüren wird besser ganz Holzfüllung angebracht. In der Regel können die Glasfenster auch des Nachts geöffnet bleiben, wenigstens an den dem Winde nicht allzusehr ausgesetzten Seiten des Hauses. Die Jalousien lassen auch verschlossen noch genug Luft durchströmen und machen die Zimmer weniger beklemmend. Für die Außenfläche der Jalousien ist die grüne Farbe zu empfehlen. Es muß davon abgerathen werden, im Innern an den Fenstern noch Gardinen anzubringen, sie hindern die Luftcirculation zu sehr und verursachen überdies eine ungünstige Vertheilung des Lichts.

Die besten Dächer sind die von *djati*-Holz (Tectona grandis) mit Ziegeln gedeckt. Die sonst sehr dauerhaften Dächer von geripptem Eisen machen die Häuser zu warm, besser sind in letzterer Beziehung *sirappen*, aus den Wurzeln von *djati*-Bäumen oder von Eisenholz (Eusideroxylon Zwageri) verfertigte Brettchen in der Form flacher Ziegel. An Stelle von Holz wird oft der weniger dauerhafte Bambu genommen.

Wohl in den meisten Häusern besteht der Fußboden aus viereckigen rothen Backsteinen, worüber sehr stark getheerter Filz gebreitet wird oder deren Fugen mit Theer einige Male gestrichen werden. Darüber kommen nun Matten zu liegen, welche bei Böden von Marmor oder Eskozijn'schen Steinen nicht nöthig sind; in letzterem Falle bedarf es höchstens in den Schlafstuben kleiner Teppiche oder Matten vor den Betten. Die Matten sind verfertigt aus *rotan*, (einer Schilfart) oder gespaltenem Bambu. Die ersteren sind am meisten gebräuchlich, sie bestehen aus längsgespaltenem, mit einander verbundenem Schilf und sind sehr kühl; in gesundheitlicher Beziehung haben sie den Nachtheil, daß sie besonders neu in der Längsrichtung des *rotan* sehr glatt sind und deshalb Anlaß zum Ausgleiten mit dessen Folgen geben. Außerdem löst sich das Schilf zuweilen los und biegt sich im Bogen nach oben, wobei, abgesehen von der Gefahr darüber zu fallen, öfter durch das Einschneiden des sehr scharfen Schilfrandes verursachte Verletzungen des Fußrückens vorkommen, wenn der bloße Fuß unter einen solchen Bogen geräth. Von der inländischen Dienerschaft wird bei kranken Kindern ein kleines Stück *rotan* aus der Matte geschnitten mit Speichel auf die Stirn geklebt in dem Glauben, dadurch Linderung zu schaffen. Die feinern, aus Britisch-Indien eingeführten, oft mit schönen schwarzen und rothen Figuren verzierten Matten haben die genannten Nachtheile nicht, sind aber sehr theuer, dagegen haben die Matten aus geflochtenem geglättetem Bambu wieder den Fehler, daß zuweilen einzelne Stäbe daraus vorspringen und Verwundungen verursachen. Das Belegen des ganzen Fußbodens mit Teppich, wie es in letzter Zeit hier und da Mode geworden ist, ist unbedingt zu verwerfen.

Die Möbel werden meist auf Auctionen erstanden und sind in Folge dessen ein Gemisch von allerlei Arten davon, kein günstiges Zeichen für einen guten Geschmack. Nur ausnahmsweise und auch nur bei Reichen findet man einen einheitlichen Styl in der Zimmereinrichtung. Die großen hölzernen Schränke werden möglichst in den Gallerien untergebracht, um den Zimmerraum nicht noch mehr zu verkleinern, der ohnehin, wie bereits gesagt wurde, den um so größeren Gallerien zu Liebe schon klein genug ist.

Sehr große eiserne Bettstellen sind die besten, sie enthalten die meist sehr harten Strohsäcke, Kissen und Rollkissen. Die Betten sind zunächst von völlig durchsichtigen Gardinen umgeben, welche meist offen bleiben, darunter befinden sich dann noch andere von Tüll oder einem andern sehr dünnen Stoff, welche beim Zubettgehen geschlossen werden, nachdem das Bett mit einer Art von kleinen Besen von Muskito's gereinigt wurde; diese Art des Entfernens von Muskito's nennt man *kipas*, wörtlich „wehen". Auch für Kinder werden am liebsten große eiserne Bettstellen genommen, deren Seitenwände mit dünnen Kissen ausgepolstert werden, um das Stoßen daran bei unruhigem Liegen zu verhüten, während als Unterlage statt der Matratze meist nur ein ausgespanntes Stück Segeltuch oder eine dünne Matte dient. Die letzteren werden auch von Erwachsenen als Unterlage unter das gebräuchliche Betttuch gerne gebraucht, da es sich auf ihnen angenehm kühl liegt. Als Beleuchtungsmittel bedient man sich außerhalb Batavia's des Petroleums und für Nachtlichte meist des Cocosöls, in Batavia ist allgemein Gasbeleuchtung eingeführt.

Die Küchen haben häufig keine Schornsteine, sondern ein getheiltes Dach, dessen obere Hälfte etwas über die untere herüber ragt. Eine lange steinerne Bank mit einigen vorn offenen viereckigen Ausschnitten bildet den Kochheerd; als Heizmaterial wird Holz, oft genug nicht einmal ganz trockenes gebraucht und der Rauch muß sich einen Ausweg durch die Oeffnung des Daches suchen. Einer germanischen Hausfrau würde solch' eine indische Küche ganz erschrecklich vorkommen, in der alles mit einem rothbraunen Staub bedeckt ist; daß das Küchenpersonal häufig an Augen- und Kehlkopfentzündung leidet, ist deshalb nicht zu verwundern.

Badezimmer und Aborte verrathen gewöhnlich nur sehr wenig Luxus, was für Erstere befremdend genannt werden kann in einem Lande, wo tägliche Bäder üblich und nöthig. Es ist selbstredend, daß gründlicher Abfluß des Wassers ein Haupterforderniß und deshalb die Erhöhung des Bodens der Badezimmer zweckmäßig ist, denn die fortdauernde Feuchtigkeit von Boden und Mauern der Badezimmer ist die natürliche Ursache zu der schnellen Entwickelung niederer Pilze. Das Reinigen der Böden verlangt besondere Sorgfalt, da sie sonst durch einen grünen pflanzlichen Belag sehr schlüfrig werden und man leicht darauf ausgleiten kann; es ist deshalb zweckmäßig, in jeder Badestube noch einen aus Holzlatten hergestellten Boden zu haben.

Die Aborte stehen gewöhnlich über einfachen gemauerten Gruben, worin die Auswurfstoffe mit dem Grundwasserstande steigen und fallen. Den Vorzug verdienen deshalb solche, welche über fließendem Wasser angelegt sind. Außerdem sind sie der Lieblingsaufenthalt von Kakerlaken, gegen welche eine Lösung von Borax in Gummi, die in kleinen Schüsseln hier und da aufgestellt wird, vorzüglich wirkt.

Zu jedem Hause gehört wenigstens ein Brunnen, der wenn nicht immer brauchbares Trinkwasser, doch das nöthige Wasch- und Badewasser liefert. Ferner geben in vielen Orten Indiens artesische Brunnen einen genügenden Vorrath sehr guten Wassers.

Je weiter die Häuser auseinander stehen, desto besser. Die älteren mehr nach europäischem Styl gebauten Städte, besonders Batavia, Samarang, Soerabaia, sind dadurch ungesunder, daß es in ihnen an dem nöthigen Luftwechsel fehlt, und man empfindet oft genug, welch' unangenehm drückende Wärme in den eng aneinander gebauten Häusern herrscht. Die um die Häuser liegenden Gärten können besonders an der Nord- und Südseite mit Bäumen bepflanzt sein; an der Ost- und Westseite dürfen diese nicht nahe an den Häusern stehen, weil sie die auftrocknende Einwirkung der Sonnenstrahlen auf diese verhindern. *Waringin*-Bäume darf man gleichfalls nur in einiger Entfernung davon pflanzen, da ihre sehr weit verzweigten Wurzeln die Fundamente unterminiren und die abfallenden Früchte Dächer und Rinnen verunreinigen oder verstopfen. Cokospalmen sind in Gärten, besonders wenn kleine Kinder im Hause sind, wegen der Gefahr der Verwundung und sogar Tödtung durch abfallende Frucht oder Blätter, zu vermeiden.

Es hat sich bewährt, auf großen Grundstücken, besonders wo viel Strauchwerk wächst, Gänse zu halten, weil diese, wahrscheinlich durch ihr Geschrei, die Schlangen vertreiben.

Zur Abkühlung hängt man häufig über den Eßtischen große bewegliche Schirme auf, die durch einen Strick hin und wieder angezogen werden; besonders die Engländer halten viel von dieser aus Britisch-Indien überbrachten Einrichtung, die übrigens so wirksam ist, daß nicht daran gewohnte Leute dadurch an Rheumatismus erkranken können.

Die Wohnungen der Chinesen in den Hauptorten sind gewöhnlich von Stein sehr dicht an einander gebaut und zeigen unter einander große Verschiedenheit in Größe und Lage, so daß ein chinesisches Stadtviertel ein gewaltig unregelmäßiges Aussehen bekommt. Die Verschiedenheit in der Form ist mit Absicht deshalb angebracht, um den guten Geistern die Erkennung eines einzelnen Hauses zu erleichtern. Der allgemeine Typus zeigt zunächst einen großen Vorraum, der in größeren Häusern vorne durch eine Mauer mit lackirter Holzthür und zwei Fenstern abgeschlossen ist, welche letztere selten oder nie geöffnet werden. In kleineren Häusern, besonders wenn sie Kaufläden sind, ist die Vormauer über Tag ganz offen und wird Abends und Nachts durch senkrecht neben einander gestellte lose Bretter geschlossen. An den Thüren und Fenstern sind rothe oder gelbe mit Sprüchen beschriebene Papierstreifen befestigt. In dem Vorraum steht stets gegenüber der Thür der Opfertisch mit einigen übelriechenden Talgkerzen oder glimmenden Opferhölzchen und darüber hängendem Götzenbild. Neben dem Tisch gelangt man durch eine kleine Thür in einen schmalen Gang und durch diesen in einen Hof, um den eine überdeckte Gallerie herumläuft. Zunächst des Ganges befindet sich eine Schlafkammer mit einer in den Gang führenden Thür und einem stets geschlossenen nach der Gallerie hinsehenden Glasfenster. Andere Stuben führen nach der Gallerie hinaus oder liegen darüber.

Solch eine chinesische Schlafkammer wird zu drei Vierteln von einem hölzernen Bett eingenommen, welches von vorn durch seidene mit Gold eingefaßte Vorhänge abgeschlossen und nur über eine sehr breite und große, vor dem Bett stehende Bank mit niedrigen Füßen zu erreichen ist. Ungewöhnlich viele Gardinen von Nesseltuch schließen das wenige durch das Fenster eindringende Licht ab, während auch an der Thür eine zitzkattunene oder seidene Gardine und darüber noch ein sogenannter *kree* hängt, ein in der Weise verfertigter Vorhang, daß gespaltene Bambustäbchen parallel mit einem kleinen Abstande von einander mittels Bindfaden zusammengeknüpft sind. Die *kree's* werden auch häufig in europäischen Häusern behufs Abschließung der Gallerien verwendet; sie sind luftig, müssen aber aufgezogen werden, wenn man nach außen sehen will, da das durch sie hindurchfallende streifige Licht für's Auge unangenehm und ermüdend ist. Bei den Chinesen aber werden diese Gardinen nie aufgezogen und man muß unter ihnen durchkriechen, um in die Kammer zu gelangen. In dieser brennt fast stets Tag und Nacht eine rothgefärbte Kerze oder ein kleines Petroleumlämpchen. Wenn man nun noch weiß, daß der Strohsack des Bettes fast nie gewechselt und nie gelüftet wird, daß Geburt, Krankheit und Sterbefall sich darauf abspielen, daß das Bett selbst und die Bank davor jahrelang ungereinigt der ganzen Familie als Schlafstätte dient, dann läßt sich begreifen, welch' eine Athmosphäre in solch' einer Kammer herrschen muß. Die Bank vor dem Bette bildet ein fatales Hinderniß, wenn es sich z. B. um ärztliche Untersuchungen und Hülfeleistungen besonders bei Geburten handelt, da der Arzt dann auf der Bank oder wohl gar im Bette selbst knien muß, weil an eine Entfernung des Hindernisses wegen seiner Größe nicht zu denken ist.

Die größeren Wohnungen haben oft geräumige Gallerien, doch bleiben die Schlafkammern, auch wenn sie an sich etwas größer sind, stets zu eng und zu wenig luftig. Trotzdem ist es wunderbar zu nennen, daß die Chinesen im Allgemeinen bei derartigen Wohnungsverhältnissen und bei ihrer Lebensweise sich noch einer so guten

Gesundheit erfreuen, ein Gegenstand, auf den später noch zurückgekommen werden wird.

Die chinesischen Wohnungen sind meist mit den verschiedenartigsten Möbeln sehr reichlich ausgestattet, bei Reichen findet man europäische und chinesische, bei Armen nur chinesische Möbel und Hausgeräthe von Bambu. Viele Gewerbe werden in den Wohnhäusern selbst betrieben, so daß zum Bewohnen nicht viel mehr, als die schon besprochene ungesunde Schlafkammer übrig bleibt; außerdem wird durch manche derartige häusliche Arbeiten die Luft im ganzen Hause verpestet, und man muß nur einmal empfunden haben, welche beängstigende Gerüche in der Wohnung eines Blaufärbers oder eines *toekang batik* (Färber von Sarong's*), Kopftüchern u. s. w.) herrschen, um sich davon eine Vorstellung machen zu können.

Die Fenster sind mit Läden geschlossen, welche sich in horizontaler Richtung in der Mitte öffnen. Deren unterste Hälfte wird oft durch ein paar Holz- oder Bambustäbe gestützt und dient dann als Tisch, die obere Hälfte wird mit Bindfaden an der Mauer befestigt.

Zu Neujahr werden die Wohnungen mit sehr vielem Wasser gut gereinigt, bleiben aber dann feucht, weil das Wasser nicht genügend aufgetrocknet wird. Zu einer anderen Zeit des Jahres wird eine Reinigung nicht für nothwendig erachtet und nur höchstens dann und wann einmal gefegt. Es wurde schon gesagt, daß die Wohnungen

---

*) Die hierbei übliche Färbemethode *(batik)* ist wegen der dabei in Anwendung kommenden Kunstgriffe erwähnenswerth. Sie besteht darin, daß auf weißem Cattun zunächst das meist sehr complizirte Muster aufgezeichnet wird; um nun einzelne Partien in einer bestimmten Farbe zu färben, wird alles Uebrige kunstvoll mit einer Wachsschicht bedeckt und dann das Ganze der Einwirkung der Farbe ausgesetzt, worauf also die nicht mit Wachs bedeckten Stellen die gewünschte Farbe annehmen. Darnach werden diese mit Wachs bedeckt und andere davon befreit, damit auf letztere eine andere Farbe gebracht werden kann. In derselben Weise wird die Prozedur fortgesetzt, bis schließlich das ganze Muster in den buntesten Farben ausgeführt ist. Der hauptsächlich dazu nöthige Apparat besteht in einem ganz kleinen an einem Handgriff befestigten Kännchen fast in der Form der bei uns gebräuchlichen Theekannen in sehr verkleinertem Maßstabe, mit dünnem Ausgußröhrchen, welches mit heißem Wachs gefüllt wird und dieses beim Ueberfahren des Musters auf dasselbe austreten läßt. Die Methode ist theils durch Abbildungen, theils durch Cattunstücke in den verschiedenen Stadien der Färbemethode veranschaulicht im Kgl. ethnographischen Museum zu Dresden. Der Sarong ist ein langes Stück Stoff, welches nach Art eines Rockes um die Lenden herumgelegt wird.

sehr dicht aneinanderstehen, meist sogar unmittelbar aneinanderstoßen, die Straßen sind dabei schmal und überdies durch die darin stattfindenden Märkte sehr verunreinigt. Pferdeställe werden meist außerhalb der Wohnhäuser angebracht; wenn Chinesen in mehr einzeln stehenden Häusern wohnen, halten sie gerne Schweine, für deren Unterbringung aber nicht im mindesten gesorgt wird. Stirbt ein Chinese, so wird vor seinem Hause ein kleines Feuer angezündet, weiße Gardinen vor die Thür gehängt und einige große Papierlaternen mit grünen und schwarzen Buchstaben vor den Eingang gesetzt.

Die Wohnungen der Eingeborenen sind in Bambu, oft mit einem Gerüst von hölzernen Stangen ausgeführt, auch das Dach besteht aus Bambustäben und wird mit *atap* gedeckt, worunter man die mit einander verbundenen Blätter verschiedener Palmen-, Bambu- und großer Grasarten versteht. Die ausgelaugten und getrockneten Blätter werden hierbei in querer Richtung um einen Stab oder ein plattes Bambustück so gebogen, daß jedes Blatt ein Drittheil des nächstliegenden bedeckt und dann mit Schilfrohr befestigt.

Ausführliches über den Bau und die Einrichtung der inländischen Häuser findet sich, was Java anbetrifft, beschrieben in Veth's „Java", im Allgemeinen sei hier nur gesagt, daß die meisten Häuser in West-Java unmittelbar auf dem Boden gebaut sind, welcher hierzu zuweilen etwas erhöht und festgestampft wird.

Die Wohnung selbst besteht zunächst aus einer durch ein einfaches Schirmdach von *atap* gebildeten Vordergallerie, meist mit einem Geländer von Bambu umgeben, in der ein *balé-balé*, eine von Bambu gefertigte Bank, steht. Viele Beschäftigungen, wie weben, spinnen und dergleichen, werden in dieser Gallerie betrieben. Im Innern des Hauses befinden sich noch zwei als Schlafräume dienende Kammern und dahinter ein kleiner überdeckter, zur Küche eingerichteter Platz. Pferde werden meist in einem sogenannten *gadogan*, einer großen Holzhürde mit *atap* gedeckt, untergebracht. Hühner, Katzen (mit sehr kurzem gekrümmten Schwanz) und eine häßliche schakalähnliche Art Hunde laufen frei herum; die letzteren nähren sich von allem möglichen Abfall und Auswurfstoffen und machen sich durch die Beseitigung der Letzteren um die Reinhaltung der Ortschaften verdient. In der Vordergallerie findet man gewöhnlich einige kleine runde Korbkäfige mit den sehr beliebten grauffleckigen Turteltauben. Die

Umwandung der Häuser besteht aus geflochtenem Bambu, der nicht selten mit Büffelmist und Sand ausgefüllt und mit Kalk getüncht wird, bei den Reicheren auch wohl aus Planken. Derartige Häuser lassen durch die verschiedenen Oeffnungen Luft genug durch. Die Thüren und Fenster, welche letztere nur einfache Oeffnungen in den Wänden sind, können mit Bambuläden geschlossen werden; auch der Verschluß selbst wird mit Bambuschiebern bewirkt.

Solche inländische Wohnungen werden häufig auch durch weniger bemittelte Europäer bewohnt und scheinen keinen nachtheiligen Einfluß auf die Gesundheit auszuüben, höchstens könnte zuweilen der stets darin herrschende Luftzug durch leicht dabei eintretende Erkältung schädlich werden.

Die inländischen Wohnhäuser sind gewöhnlich zu *kampong's* vereinigt; hierfür die Bezeichnung „Dorf" zu wählen, könnte zu einer unrichtigen Vorstellung davon führen. Die *kampong's* werden gewöhnlich durch einen einzigen Fahrweg und dann durch schmale sich nach allen Richtungen hinschlängelnde Fußwege durchschnitten, die so schmal sind, daß z. B. bei Feuersbrunst eine Hülfe mit Brandspritzen geradezu unmöglich wird. Alle Wege sind schlecht und lehmig und während des West- oder nassen Monsuns in einen so schlüpfrigen Schlamm verwandelt, daß der Schuhe tragende Europäer sie fast unmöglich passiren kann; überhaupt gehört die Reinhaltung in den *kampong's* zu den unbekannten Dingen. Die Brunnen sind gewöhnlich einfache Löcher im Boden, zuweilen von einem Bambuzaun umgeben; viele derselben sind außer Gebrauch gesetzt, dadurch, daß einige Baumstämme oder Bambugeflecht darüber hingelegt und Erde darauf geschüttet wurde. Später fault Holz und Bambu und der darüber Hingehende stürzt hinein, und bleibt, wenn der betreffende Brunnen einen sehr kleinen Durchmesser hat, zwischen den Wänden desselben eingeklemmt hängen. Es sind viele Fälle von schweren Verletzungen und Tod von Thier und Menschen in Folge eines solchen Sturzes bekannt geworden, zumal zuweilen sogar der breite Fahrweg auf größeren Besitzungen über einen solchen nicht allgemein bekannten schlecht zugeschütteten Brunnen hinführt.

Anhang.

Die verschiedenen Begräbnißplätze lassen sowohl in Bezug auf Lage als Einrichtung viel zu wünschen übrig. Die inländischen Friedhöfe sind überall zerstreut und die Bedeckung mit Erde auf den einzelnen Gräbern in der Regel ungenügend; die chinesischen Begräbnißplätze, besonders der reichen Chinesen, sind zweckentsprechender, da die großen, aus sehr hartem Holze verfertigten Särge in gemauerten Grüften beigesetzt werden. Die Friedhöfe der Europäer stehen unter guter Aufsicht einer Ortscommission und gewöhnlich unter der Verwaltung eines europäischen Beamten, sie zeichnen sich durch schöne Anlage und saubere Pflege, so wie auch durch eine Menge, wenn auch etwas einförmiger, Grabdenkmäler und gemauerter Familiengrüfte aus. Die gewöhnlichen Gräber werden schon nach 10 bis 12 Jahren wieder frei, da die Feuchtigkeit des Bodens und die hohe Temperatur viel zu einer ungemein raschen Verwesung beitragen.

Thierleichen, besonders von Pferden, werden an größeren Orten auf eigens dazu bestimmten Plätzen vergraben. Diese Plätze stehen unter der Aufsicht der Polizei, sind aber doch mangelhaft angelegt. Im Innern des Landes wird die Beseitigung von Thierleichen durchaus ungenügend gehandhabt, wie auch die Erfahrung bei der Viehseuche, welche 1878 begann und 1880 noch fortdauerte, gelehrt hat. Es waren Bestimmungen genug für das Verbrennen und Vergraben der massenhaft gestorbenen Thiere vorhanden, aber die Aufsicht über die Ausführung derselben ließ viel zu wünschen übrig, kam es doch sogar vor, daß die schlecht bedeckten Gruben durch die Zersetzung der darin vergrabenen Thierleichen sich öffneten und gasförmige Fäulnißproducte daraus entwichen. Der geringen Sorgfalt beim Vergraben von Büffelleichen wird von Einigen das Entstehen und Fortbestehen einer Fieberepidemie in West-Java zugeschrieben.

Bewohner.

Ohne eine erschöpfende anthropologische Studie über die Bewohner der Indischen Inseln liefern zu wollen, möchten wir einen Blick auf deren Bevölkerung und zwar vorzugsweise mit Beziehung auf ihre körperliche Entwicklung und Gesundheit werfen.

Wir haben es in Indien mit den verschiedensten Menschenrassen zu thun, die theils unvermischt, theils auf jede mögliche Weise gekreuzt sind.

Den Hauptfactor bildet natürlich die inländische Bevölkerung*) d. h. die beiden früher genannten Hauptgruppen, Malaien und Papua's. Diese beiden Gruppen umfassen noch verschiedene Stämme, deren Haupttypus derselbe bleibt, die aber in mancher Beziehung sowohl in Körperbau als in Kleidung von einander abweichen. Auf der Insel Java findet man z. B. Sundanesen und Javanen als Hauptheil der Bewohner, obschon auch fast alle anderen Volksstämme vertreten sind; auf Madura Maduresen, auf Sumatra Malaien, Battaken, Atjinesen, auf Borneo Dajaken u. s. f.; auf den Molukken besonders Stämme, die zur zweiten Hauptgruppe gehören oder ihr nahe stehen, also Papua's, Alfuresen, Buginesen. Dann folgen der Zahl nach die Chinesen und ihre Abkömmlinge, dann erst Europäer und die gesetzlich mit ihnen Gleichstehenden, danach Araber, noch einige andere morgenländische Völker und endlich Neger. Man kann sich leicht vorstellen, welch' ein eigenartig buntes Bild die Bevölkerung, besonders der Hauptstädte darbietet, wo sich alle die genannten Menschenrassen und ihre Kreuzungen zusammenfinden. Mit allen diesen aber steht keine Berufsart in engerer Fühlung als die des Arztes, dessen Rath und Hülfe von Allen begehrt wird; ihm bietet sich so wie keinem Anderen Gelegenheit, Einblick in Geheimnisse des Volks- und Familienlebens zu thun, die dem Auge anderer Beobachter leicht verhüllt bleiben. Andererseits wird aber auch besonders von ihm verlangt, daß er bei Ausübung seiner Thätigkeit der Nationalität seiner Patienten und ihren eigenthümlichen, für jedes Volk verschiedenen Sitten und Gebräuche Rechnung trage, sich also mit denselben möglichst vertraut mache. Aus diesem Grunde

*) Die Gesammtbevölkerung der niederländischen Besitzungen in Indien beträgt ungefähr 24½ Millionen Seelen.

sind die Schilderungen des Arztes van der Burg, die sich auf seine 23jährige Erfahrung und Beobachtung in Indien selbst stützen, gewiß nicht ohne allgemeines Interesse, wenn dieselben auch öfter nur für den Arzt bestimmt zu sein scheinen. Folgen wir deshalb van der Burg auf das Gebiet seiner Thätigkeit und beginnen mit der Schilderung des Verkehrs des Arztes mit den Eingeborenen.

In der gewöhnlichen Privatpraxis erstreckt sich die Behandlung von Inländern meist auf die der Dienerschaft von Europäern, viel seltener wird von solchen, die selbstständig in ihren *kampongs* wohnen, ärztliche Hülfe gewünscht. Hospitalärzte haben in den Krankenhäusern stets eine große Anzahl von Eingeborenen in Behandlung, dann aber unter ganz anderen Verhältnissen als außerhalb derselben. Denn da in den Anstalten die Unterbringung und Verpflegung der Kranken durch Bestimmungen geregelt und dabei den Gewohnheiten derselben möglichst Rechnung getragen ist, so hört damit der Eigenwille des Einzelnen und die Rücksicht auf Vorurtheile und Ansichten der jemaligen Nationalität auf, durch welche der Gang der Dinge wesentlich beeinflußt wird, wenn der Arzt außerhalb der geschlossenen Anstalten mit Kranken in Berührung kommt. Zuweilen allerdings macht auch in letzteren der Kranke kraft des ihm eigenen Vorurtheils gegen den Gebrauch europäischer Heilmittel Schwierigkeiten und dann ist es zumal bei großem Krankenbestand wegen der geringen Zuverlässigkeit des Wärterpersonals nöthig, die Behandlung so zu regeln, daß der Arzt selbst vom Einnehmen der Arzneien Zeuge ist. Zu diesem Zwecke hält man von den meist gebräuchlichen Arzneien einen Vorrath am besten in flüssiger Form bereit, und läßt dann den Patienten einfach nach Einnehmen der Medizin »*trima kassie*« (ich danke Ihnen) sagen, was er natürlich mit einem Mundvoll Flüssigkeit nicht können würde und deshalb erst schlucken muß. Die Maßregel ist nicht ganz überflüssig, da andernfalls viele der vorgeschriebenen Arzneimittel einfach nicht genommen werden und die Behandlung der meisten Krankheiten läßt sich auch leicht auf diese Weise bewerkstelligen.

Bei der Behandlung der Dienerschaft von Privatleuten muß man es sich zur Regel machen, den Patienten stets erst die Frage vorzulegen, ob sie europäische Arzneimittel angewendet wissen wollen oder nicht. Sehr oft ist die Antwort verneinend und man beugt dann also unnöthigen Ausgaben seitens der Herrschaft vor. Wenn sich voraussetzen läßt, daß eine Krankheit sich nicht in kurzer Zeit bessern oder heilen läßt, ist der beste Rath, einen solchen Diener in seinen *kampong* ziehen zu lassen; denn der Eingeborene (und auch der Chinese) nimmt es nicht so schlimm auf, wenn ein Patient stirbt, als wenn er trotz der eingeleiteten Behandlung lange Zeit krank bleibt. Schon nach drei, vier Tagen versuchen sie gewöhnlich, ob nicht inländische Heilmittel einen bessern Erfolg haben.

Die Kammern, welche in den Nebengebäuden der Dienerschaft als Wohnung überwiesen werden, sind gewöhnlich sehr schlechte Wohnräume, aber noch schlechtere Krankenstuben; vier Wände, deren vorderste eine Thür und ein offenes Fenster mit Holzladen enthält, und ein Dach darüber ohne Decke bilden das Zimmer. Die Thür und Fensterladen werden sorgfältig geschlossen, der Kranke liegt auf einem *balé-balé*, vor welchem eine kattunene Gardine hängt; von Reinlichkeit ist keine Rede; eine *palita* (eine aus einem Näpfchen von Cocosschale mit Oel gefüllt verfertigte Lampe, worin ein Stück aufgerollten Cattuns als Docht dient) sorgt Abends für Beleuchtung. Ist die Krankheit von einiger Bedeutung, dann wird die Kammer so eng wie möglich gemacht dadurch, daß sich die ganzen Angehörigen und Bekannten darin zusammen finden, während gleichzeitig ein Gefäß mit glimmendem Feuer für das noch fehlende Kohlenoxyd sorgt, vermischt mit dem Rauche von darin verbrannten Myrrhen, Benzoë und andere Räuchermitteln. Diese Räucherungen geschehen auch aus religiösen Gründen jeden Donnerstag Abend.

Aehnlichen Verhältnissen ausgesetzt findet man auch den in seinem *kampong* in einer Bambuhütte wohnenden kranken Eingeborenen und nicht selten auch den Chinesen. Jener beurtheilt die Bedeutung einer Erkrankung verschieden, je nachdem sie innere oder äußere Theile betrifft; während der Schmerz von Wunden, Knochenbrüchen, Geschwüren und dergl. als leicht gefunden wird, werden gewöhnlich Aeußerungen von Leib- und Kopfschmerz stark übertrieben; besonders Frauen haben ein gewisses Geschick, in solchen Fällen einen entsetzlichen Lärm zu machen oder aber umgekehrt ruhig dazuliegen mit geschlossenen Augen, scheinbar ohne eines Wortes fähig zu sein. Anfangs, wenn man noch nicht daran gewöhnt ist, kommt man leicht in Versuchung, den Verlauf von Krankheiten zu ungünstig im Voraus zu beurtheilen, da man die übertriebenen Aeußerungen innerer Leiden leicht für begründet hält.

Besondere Bedeutung legt der Eingeborene stets der Eßlust

bei und das *»tra soeka makan nasi«* (er hat kein Verlangen nach Reis) gilt ihm als ein Criterium einer schweren Krankheit. Bei der Feststellung der Krankheitserscheinungen oder bei Beantwortung von gestellten Fragen ist es kaum möglich, von dem Kranken selbst brauchbare Antworten zu bekommen; er ist eben krank und überläßt das Reden seiner Umgebung, von welcher einer, zwei oder drei zugleich Antwort geben. Wissen diese nicht gleich zu antworten, dann wiederholen sie, an den Kranken gerichtet, die Frage des Arztes und spielen so eine höchst überflüssige Vermittlerrolle. Wenn möglich beginnt deshalb die Krankenuntersuchung am besten mit dem Entfernen nicht gewünschter Zeugen. Daß der Arzt zu einer erfolgreichen Thätigkeit wenigstens das gewöhnliche, allgemein gesprochene Malaiisch kennen muß, ist selbstverständlich; dabei ist besonders die Betonung der Worte zu beachten, die sehr viel Einfluß auf den Sinn des Gesagten hat. Wenn z. B. über einen Kranken gesagt wird *»dia batok sadja«*, ohne eine bestimmte Betonung, so heißt das, daß etwas Husten besteht, aber von wenig Bedeutung; hört man aber dieselben Worte mit der Betonung oder besser gesagt mit einem längeren Anhalten der Silbe *»bū«*, so wird damit gesagt, daß der Husten stark ist und um so stärker, je länger die Silbe ausgesprochen wird. Im ersteren Falle würde man denselben Sinn so geben können: Er hustet etwas, sonst fehlt ihm weiter nichts, und im zweiten Falle: Er hustet in einem fort. Wird gesagt *»dia batok doang«* mit einem langen Anhalten des *bā* in *bātok*, so bezeichnet dies, daß andauernder quälender Husten das Hauptsymptom der Krankheit ist. Bei diesem Beispiel wollen wir es bewenden lassen; es sollte nur dazu dienen, die Aufmerksamkeit auf diese Ausdrucksweise, dieses Dehnen einer Silbe in einem Worte zu richten, auf welches besonderes Gewicht gelegt wird. Diese eigenthümliche Art, auf ein einzelnes Wort so den Ton zu legen, ist auch in das Niederländische übergegangen, welches die in Indien geborenen Kinder von Niederländern sprechen und welches dadurch einen fremdartigen Klang, zuweilen etwas Singendes, bekommt.

Nach dieser kleinen Abschweifung kommen wir wieder auf den Inländer als Patienten zurück. Zu *kampong*-Bewohnern wird der Arzt höchst selten beim Beginn der Krankheit gerufen, gewöhnlich sind schon einige der allgemein bekannten Mittel gebraucht worden, oder eine *doekoen* (heilkundige Frau) ist schon dabei in Thätigkeit gewesen. Chinin, Ricinusöl, sogenannte Augentropfen und Santonin (noch mehr Semen Cinae, Zittwersamen, das auch in Europa sehr volksthümliche Wurmmittel, welches den eigenthümlichen Namen *obat tjekok* „Medizin, die mit Gewalt eingegeben werden muß" trägt) haben das Bürgerrecht erlangt und werden als Hausmittel viel gebraucht. Man kann sicher darauf rechnen, daß die verordneten Arzneimittel gebraucht werden, wenn der Patient selbst danach verlangt hatte, muß sich aber gar nicht wundern, wenn außerdem noch etwas anderes nebenbei gebraucht wird. Die Regelung der Diät ist das allerlästigste, weil die Vorschriften darüber nur selten befolgt werden und auf das in vielen Fällen unzuträgliche Hauptnahrungsmittel, den gekochten Reis, auch von Kranken nicht so leicht verzichtet wird.

Ueberdies werden stets einige Prozeduren vorgenommen, die auf Aberglauben beruhend, dem Kranken Glück und Gesundheit bringen sollen. Erwähnt wurden schon in dieser Beziehung die Räucherungen; es werden ferner auf verschiedene Körpertheile Kreuzchen oder andere Zeichen mit feuchtem Sirih-Kalk gemacht, und eine Citronenscheibe darauf gelegt, oder der halbe Körper wird mit reizenden Substanzen eingerieben. Ein grünes Gemenge aus verschiedenen zwischen Steinen zerkleinerten Blättern trägt man auf Stirn, Magengegend u. s. w. auf; die Bereitung dieses Mittels geschieht mit fast unglaublicher Geduld seitens der Frauen auf einem länglich viereckigen durch langen Gebrauch etwas ausgehöhlten harten Stein, auf welchem die Blätter, meist schon mit den Fingern zerdrückt, oder geröstet, oder zerklopft, mit Wasser oder Oel zu einem Brei zerrieben werden, indem man einen anderen cylindrischen Stein langsam darüber hin- und herrollt. Da derartige Mittel nur zum äußeren Gebrauch bei inneren Krankheiten bestimmt sind und also, wenn sie nichts nützen, so doch auch nicht gerade schaden, so thut man gut, sie ruhig anwenden zu lassen, da das Vertrauen darin nun einmal ein sehr großes ist. In vielen Fällen legen die Eingeborenen großen Werth auf das Bespeien eines Kranken mit durch Sirihkauen roth gefärbtem Speichel, besonders wenn diese Procedur durch einen *hadji* (Priester) vorgenommen wird; Gebete, *sedeka's* (Festessen) u. dergl. müssen natürlich solche Curen unterstützen.

Wir werden öfter Gelegenheit haben, noch auf andere auf Aberglauben beruhende Gebräuche hinzuweisen. Der Aberglaube ist so innig mit dem Volksleben verknüpft, daß es wohl erst in Jahrhunderten möglich sein wird, ihn nicht mehr mit in Rechnung ziehen zu müssen. Die Prognose, der ganze Verlauf der Dinge muß einmal mit den abergläubischen Ideen übereinstimmen: ein verständiger Protest dagegen nützt absolut nichts und kann bei dem allgemeinen Stand der geistigen Entwickelung jetzt auch noch nicht helfen; erst eine viel höhere allgemeine Bildung wird später vielleicht einmal auch hierin Aufklärung schaffen. Die längere Zeit in Indien thätigen Aerzte aber pflegen in ihrem eigenen Interesse das eben Gesagte zu berücksichtigen und da Concessionen zu machen, wo kein Schaden dadurch entsteht. Besonders bei der Kinderpraxis, auch bei Europäern, besteht eine wirkliche Gefahr, wenn der eingewurzelten Auffassung der inländischen Dienerschaft nicht Rechnung getragen wird, weil diese sofort auf eigene Hand die Volksmittel versucht, wenn der Fall nicht nach ihrem Sinne verläuft. Die Pflege der Kinder ist nämlich leider meist den *baboe's* (Kindermädchen) anvertraut, die in Bezug auf Aberglauben ihre europäischen Amtsgenossinnen weit übertreffen, und obgleich gemischten Blutes in dieser Beziehung nicht viel höher als gewöhnliche eingeborene Frauen stehen. Natürlich sollte man nie etwas zugeben, was nur im mindesten Schaden stiften könnte; doch kann das Zugestehen von ganz unschädlichen Maßregeln wohl einmal nützlich sein. Ein einziges Beispiel möge dies erklären; Dr. van der Burg behandelte ein europäisches einige Monate altes Kind, welches bei der sorgfältigsten und öfter wiederholten Untersuchung objectiv nichts Krankhaftes darbot, aber in einem fort weinte, in Folge dessen keine genügende Ruhe fand und elend wurde. Die Mutter erzählte von der Behauptung der Wärterin, daß das Kind besser werden würde, wenn es durch einen *hadji* (Priester) mit Sirih bespieen würde; die Frage war nur, ob dies schaden könne. Der Arzt antwortete, nunmehr die Ueberzeugung zu haben, daß die Wärterin das Kind auf die eine oder andere Weise zum Schreien bringe, nur um dem mit ihr bekannten Priester zu einem kleinen Verdienst zu verhelfen, daß aber außerdem die unappetitliche Procedur keinen Schaden thun könne. Man ließ den Priester kommen, bezahlte ihn gut und von dem Augenblick an war das Kind ruhig, natürlich weil die Quälereien seitens der Wärterin aufhörten, nachdem sie ihren Kopf durchgesetzt hatte.

Die Eingeborenen legen großen Werth auf gewisse äußerliche Abzeichen, darunter besonders auf die Art des Haarwuchses bei ihren Hausthieren und sich selbst. Zumal für Frauen gelten einzelne Abzeichen als sehr günstig, so zwei Haarscheitel, ein langer Hals, große Ohren bei kurzer Figur, zusammengewachsene Augenbrauen, Hautflecken am Halse, eine lange Nase, eine recht vorspringende große Zehe, und als ganz besonders erwünscht gilt es, wenn die Frau ihr langes Haupthaar beim Heraustreten aus dem Bade über die rechte Schulter hängen läßt. Für weniger vortheilhaft hält man dünne oder kurze Haare, kurze stumpfe Finger, abstehende Ohren, Haarwuchs auf dem Handrücken u. s. w. Aehnliche Abzeichen mehr discreter Art mögen hier übergangen werden.

Die eingeborene Frau ist in der Regel früher geschlechtsreif als die Europäerin, doch nicht viel früher als auch die in Indien geborenen Mädchen anderer Racen, im Durchschnitt im 13. oder 14. Lebensjahr. Das genaue Lebensalter von Eingeborenen anzugeben ist sehr schwierig, da dasselbe nur einzelnen, mehr Gebildeten derselben bestimmt bekannt ist, man kann daher in dieser Beziehung nur mehr muthmaßen. Jedenfalls tritt das eingeborene Mädchen schon sehr früh in intimeren Verkehr mit dem männlichen Geschlecht und bedient sich, damit dies ohne die natürlichen Folgen bleibe, der Hülfe einer *doekoen*, einer der vielen heilkundigen Frauen.*) Die Letzteren fungiren bei Entbindungen als Hebammen und nehmen die unglaublichsten Prozeduren dabei vor. Ganz originell ist bei der Geburt eines Kindes die Vorstellung, daß das letztere aus Sehnsucht nach seinem Vater an's Tageslicht treten werde; dieser thut seinerseits denn auch Alles, um das Kind hervorzulocken, ist stets zugegen und läuft von Zeit zu Zeit scheinbar von der Mutter weg, damit ihm das Kind folgen möge. Ist er zufällig abwesend, so wird mittelst einer Stange und seines Kopftuches eine Puppe hergestellt, um damit das Kind zu täuschen. Das Letztere versucht man auch, wenn die Geburt sich länger hinzieht, mit einem ihm möglichst weit entgegengebrachten Töpfchen mit Reis oder durch das Rasseln von Geldstücken in einem Kupferbecken hervorzulocken. Stampfen und Treten des mütterlichen Leibes, Trinkenlassen von Wasser, worin die Aelteste der anwesenden Frauen ihre Füße gewaschen hat, und noch unappetitlicherer Flüssig-

*) Wir geben die nachstehenden Mittheilungen über das Geschlechtsleben nur im Auszuge wieder, während van der Burg diese Verhältnisse, als für rein wissenschaftliche Kreise bestimmt, ausführlicher behandelt; seine Mittheilungen sind eingehender besprochen in Virchow's Archiv für path. Anatomie, Physiologie und klin. Medizin. 95. Band 1884.

keiten wird dann versucht. Hilft dies Alles nicht, dann läßt man Allah für das Weitere sorgen, oder ruft eine europäische Hebamme oder einen Arzt.

Nach beendeter Geburt ruht die Mutter, nachdem sie mit Wasser gewaschen oder begossen wurde, einige Stunden in halbsitzender Stellung aus, ohne zu schlafen, woran sie durch Ziehen am Hauptthaare gehindert wird. Einige Tage später steht sie auf und wickelt sich ihren Leib fest in ein langes schmales Tuch, indem sie dessen eines Ende an einen Hauspfosten befestigt und sich vom anderen Ende aus durch Drehungen um sich selbst hineinwickelt.

Der neue Erdenbürger bedarf nicht viel Kleidung: sie besteht aus einem *oto*, d. h. einem dreieckigen farbigen Kattunstück oder einem mit Goldborden eingefaßten Tuch, dessen obere Spitze rund abgeschnitten und am Halse befestigt wird, während die beiden unteren Spitzen des Dreiecks um die Lenden herum befestigt werden, so daß Brust und Bauch bedeckt sind, dazu kommt noch ein kattunenes Jäckchen und Höschen oder eine Windel. Meist stillt die Mutter ihr Kind selbst, giebt ihm aber gleichzeitig im Glauben, daß diese Ernährung nicht genügt, schon in den ersten Lebenstagen auch etwas feste Nahrung, bestehend aus gekochtem Reis mit roher Bananenfrucht, die in unzartester Weise dem Kinde in den Mund gestopft wird und zuweilen dessen Tod an Erstickung verschuldet.

Das erste, recht praktische Spielzeug für die Kinder Eingeborener besteht in einem aus bunten Kattunstücken zusammengesetzten sternförmigen kleinen Kissen, welches mit Glasperlen, bunten Läppchen, kleinen Quasten u. s. w. eingefaßt ist. Es wird über dem Kinde aufgehängt und bietet diesem durch seine lebendigen Farben und das stets wechselnde Aussehen eine angenehme Unterhaltung; eigentlich ist es weniger Spielzeug zu nennen, da es nur zum Ansehen dient. Auch bei Europäern findet man dasselbe vielfach.

Es besteht bei einigen roheren Stämmen der fremdartige Brauch, der auch unter der Bezeichnung »faire la couvade« bekannt ist, daß der Vater eines neugeborenen Kindes sich schwach und krank stellt, während die Mutter sofort nach der Geburt sich gerirt, als wenn gar nichts vorgefallen wäre. Ueber den muthmaßlichen Ursprung dieser sonderbaren Sitte gab G. A. Wilken ausführliche Mittheilungen in den „Indischen Gids". Der Brauch findet sich im Indischen Archipel auf der Insel Buru, wo van der Hart ihn beobachtete, nachdem schon Wouter Schouten ihn folgender Maßen beschrieben hatte: Die Frau bleibt nach ihrer Niederkunft nicht im Bett, sondern begiebt sich sofort mit ihrem Neugeborenen an den Fluß und nachdem sie sich selbst wie den Kleinen wohl gereinigt hat, kehrt sie wieder zu ihren gewohnten Geschäften zurück und Alles verläuft gut. Dagegen läßt sich der Mann, der sich dabei sehr krank und schwach zu stellen weiß, als Wöchner sorgsam pflegen und warten, während die angegriffene Wöchnerin an die Arbeit muß, um den Mann durch gute kräftige Kost bald wieder auf die Beine zu bringen." Auch bei den Dajaken ist die Couvade in Gebrauch.*)

Bei einer beiden Geschlechtern eigenthümlichen großen Sinnlichkeit liegt das Moralitätsgefühl sehr darnieder. Der Eingeborene hält zwar jede Handlung, die sich auf geschlechtlichen Verkehr bezieht, möglichst geheim für seine Umgebung, aber auch nur die Handlung; er findet z. B. das Geben eines Kusses, oder vielmehr das Beschnüffeln und Beriechen eines Anderen Gesichtes, worin bei ihnen das Küssen besteht, vor den Augen Anderer unanständig. Dagegen führt er Gespräche mit seinen Genossen, deren Frauen, und sogar mit seinem Herrn und der Herrin, daß die letztere wohl erröthen möchte, wenn sie noch nicht daran gewöhnt ist. Er nennt Alles geradezu und ziemlich roh beim eigentlichen Namen; und so kommt es, daß europäische Kinder schon sehr frühzeitig von Dingen Kenntniß haben, welche in Europa selbst Erwachsenen im späteren Alter nicht immer bekannt sind. Die Folgen davon sind traurigster Art und werden dem Arzt nur allzu oft bekannt.

*) Diese Sitte soll darin begründet sein, daß man die bösen Geister irreleiten und davon abhalten will, die nach der Entbindung mehr oder weniger geschwächte Frau noch weiter zu gefährden, während der ja ganz gesunde Mann ihren Angriffen leichter Widerstand entgegenzusetzen vermag. Denselben Brauch fand E. F im Thurn bei den Indianern Guiana's, wo der Vater sich vor und nach der Geburt außerdem des Genusses gewisser Fleischspeisen, des Rauchens, Waschens und des Berührens von Waffen enthält; des Letzteren Erklärung ist die folgende: Die Couvade scheint als Grundidee die Existenz eines geheimen Connexes zwischen Vater und Kind zu haben, derart, daß wenn der Vater in der ersten Zeit nach der Geburt des Kindes eine der Vorschriften dieser Sitte nicht befolgt, das Kind dadurch Schaden erleidet. Wenn er z. B. das Fleisch eines Nagethieres mit stark hervorspringenden Zähnen genießt, so würden die Zähne des Kindes wie die dieses Thieres wachsen; ißt er das Fleisch eines gefleckten Thieres, so würde die kindliche Haut Flecken bekommen. In ähnlicher Weise hat man sich die übrigen Regeln der Couvade zu erklären. (Vergl. E. F., im Thurn, Among the Indians of Guiana, London 1883.)

Erwähnenswerth sind im Anschluß hieran noch einige Eigenthümlichkeiten einzelner Volksstämme. Nicht überall wird eine Jungfrau zum Weibe genommen, sondern z. B. bei den Bataken auf Sumatra grundsätzlich nur ein solches Mädchen, welches viel Reize für die Männerwelt besitzt und von diesem Vorzug schon als Mädchen praktische Beweise geliefert hat. Der Batak sagt mit Bezug hierauf plastisch genug: Es giebt keinen leckern Kuchen, auf den sich nicht eine Fliege niederläßt (Henny). Währenddessen urtheilt der Batak über die eheliche Treue so streng, daß eine verheirathete Frau, die sich Freiheiten mit andern Männern erlaubt, mit dem Tode bestraft wird. Auch das Vertauschen und Verleihen von Ehefrauen wird in Indien gefunden, so u. A. das erstere bei den Dajaken im westlichen Theile Borneo's; kommt ein Fremdling in einen *kampong* der letzteren, so muß ihn der Mann, der denselben Namen wie er trägt, beherbergen und ihm seine Frau überlassen. Die Orangsekah auf Billiton, welche auf Schiffen wohnen, haben einen ähnlichen Brauch: bekommt ein Schiffsbewohner Besuch von einem Manne, so läßt er diesen mit seiner Frau allein, begiebt sich nach dem Vordertheil des Schiffes hin, schlägt hier eine Trommel und singt ein Trauerlied dazu.

Das jus primae noctis wird auf einigen Stellen durch den Vater der Braut ausgeübt, u. A. bei den Alfuren des Districts Tonsawang und bei den Bataken von Groß- und Klein-Mandeling, bei den letzteren besonders unter den Häuptlingen und Angesehenen.

Der Javane geht Nachts mit seiner Frau auf die Reisfelder hinaus, um hier der *Linga* und *Yoni*, nach unsern Begriffen der Venus zu opfern und durch sein gutes Beispiel den Reis, den er sich dabei als Person vorstellt, zu vermehrter Fruchtbarkeit anzuregen. Dasselbe thun die Bewohner von *Noessa-laoet* (Molukken) in ihren Baumpflanzungen in gleicher Absicht.

Aeußere Erkrankungen werden öfter wahrgenommen als innere und stehen dabei Verletzungen im Vordergrunde, besonders solche der Füße, weil diese nur als Ausnahme durch Sandalen geschützt sind. In den größeren Städten werden letztere ausschließlich von Wohlhabenden und meist nur im Hause getragen, häufig in der einfachen Form von Brettchen mit zwei Klötzchen darunter und einem runden Knopf an der oberen Fläche, welcher zwischen großer und zweiter

Zehe festgehalten wird; zuweilen auch als lederne Sohlen mit Obertheilen von Golddraht, welche die Zehen freilassen. In Gebirgsgegenden tragen die Kulis Stücke von Büffelleder mit Bändern am Fuße befestigt, da hier die größeren Wege mit grobzerkleinerten Kieselsteinen bedeckt sind.

Die Fußverwundungen verlaufen verhältnißmäßig günstig, bei Blutung bindet man das Glied so tief wie möglich mit Bindfaden ab oder gebraucht blutstillende Mittel. Die am schlechtesten heilenden Verletzungen sind die durch Bambu verursachten, sie geben Anlaß zu ausgedehnten Verschwärungen in der Wunde selbst und häufig auch an anderen Körperstellen, vielleicht liegen dann aber constitutionelle Krankheiten, besonders die häufig vorkommende Syphilis zu Grunde.

Andere Verwundungen entstehen vielfach durch scharfe Werkzeuge oder durch zufällige Hornstöße von Büffeln; so werden Kinder, die man auf dem Rücken dieser Thiere reiten läßt, durch eine unwillkürliche Bewegung des Büffelkopfes zuweilen erheblich am Unterleibe verletzt.*)

Die zurückbleibenden Narben haben eine viel hellere Farbe als die normale Haut, dunkeln mit der Zeit aber etwas nach, so daß die Färbung einer Narbe als ein Merkmal des Alters einer Verletzung betrachtet werden kann; es giebt schließlich eine Periode, wo die Narben wenig mehr bemerkbar sind. Zuweilen kommen auch fleckweise hellere Färbungen der Haut vor.

Während die verschiedene Färbung der Haut der einzelnen Individuen leicht wahrnehmbar ist, erfordert es doch einige Uebung oder wenigstens einen längeren Aufenthalt in Indien, um erkennen zu können, ob ein Eingeborener kränklich und elend aussieht. Bei der Ankunft in einem fremden Lande, zumal wenn dessen Bewohner dunkles Hautkolorit haben, vermag man zunächst kaum den einen Eingeborenen vom andern, ja, in den ersten Tagen kaum Mann und Frau, wenn nicht etwa an verschiedener Bekleidungsart, zu unterscheiden. Später erst erkennt man in dem allgemeinen Typus dann die Verschiedenheiten der einzelnen Individuen und findet deren eben so viele wie bei den eigenen Stammesbrüdern. Es wird daher, je länger Jemand in einem Lande verweilt, um so schwieriger für ihn, den allgemeinen

*) Die Beschneidung wird sowohl bei Knaben als Mädchen, bei letzteren durch Entfernung eines Theiles der Clitoris, und zwar in sehr roher Weise mittels eines geschärften Bambustückes oder eines stumpfen Messers ausgeführt.

äußeren Volkstypus sich vorzustellen und ihn zu beschreiben, dies geschieht besser durch Solche, die den Volksstamm nur kürzere Zeit beobachteten.

Besonderer Erwähnung bedürfen hier noch die Folgen des Sirih-Kauens, worüber später noch ausführlicher gesprochen werden wird; hier muß nur gesagt werden, daß infolge dieses Genußmittels die Mundhöhle sichtbare Veränderungen eingeht, daß sich Zahnfleisch, Gaumen, Zunge wie auch der Speichel intensiv roth färben, während die Zähne schwarz werden; bei älteren Leuten nimmt schließlich die Zunge in der Mitte eine dunkelbraune, fast schwarze Farbe an, während die Ränder roth und rissig erscheinen und ihre Oberfläche rauh und trocken wird; um die stark gerötheten Lippen herum wird die Gesichtshaut heller, im höheren Alter fast weiß und in den Mundwinkeln entstehen häufig Geschwüre.

Das Abfeilen der Schneidezähne beim Eintritt der Pubertät hat durch die Entblößung der Zahnpulpa häufig Entzündung, auch Knochenhautentzündung des Oberkiefers und Knochenfraß zur Folge und bewirkt starke Schwellung der Oberlippe und der Nase. Die Prozedur wird durch Priester oder durch *doekoen's* (heilkundige Frauen) vorgenommen und besteht in Abmeißeln (*tatah*) der Schneidezähne des Oberkiefers oder Abschleifen derselben mittels Bimsteins *(pasah)*. In Folge des hierbei stattfindenden Verschwindens des Zahnschmelzes werden die Zähne mit der Zeit schwarz und gelten nicht abgeschliffene, also weiße Zähne, als so häßlich, daß der Eingeborene sich bemüht, dieselben so bald wie möglich schwarz zu färben; welcher Mittel er sich hierzu bedient, wird bei der Besprechung der inländischen Schönheitsmittel gesagt werden. Die sonderbare Mode hat Anlaß dazu gegeben, von weißen Zähnen mit Verachtung als von „Hundezähnen" zu sprechen.

Es sei hierbei erwähnt, daß nach zahlreichen Beobachtungen die normale Körpertemperatur des Eingeborenen niedriger ist, als die des Europäers und zwar durchschnittlich 36,5° C. beträgt.

Zu den sehr häufig vorkommenden Krankheitszuständen gehören zunächst, besonders bei Frauen und Kindern, die verschiedenen Arten Eingeweidewürmer. Darmaffectionen und Rheumatismen werden öfter beobachtet, Blutaderknoten erreichen besonders bei Kulis eine erhebliche Größe. Syphilis ist sehr verbreitet, kommt aber selten zur regelrechten Behandlung, daher vielfache aus ihr hervorgegangene Narben, Verlust von Nase, Auge und dergl.; Lungenschwindsucht ist gar keine Seltenheit; Lungenentzündung heftigeren Grades wird kaum beobachtet. Miasmatische Krankheiten sind vielfach vertreten. Angeborene Mißbildungen kommen selten vor. Bei Vielen finden sich erhebliche Hornhautflecken, meist die Folge von gleich nach der Geburt überstandener Augenentzündung. Geisteskrankheit ist nicht selten, auch werden Kretins und zwar meistens in den Palembang'schen Gebirgsgegenden angetroffen. *Beri-beri* *) ist auf einigen Plätzen endemisch, auf andern zeitweilig epidemisch.

Die Beerdigung findet sehr bald nach dem Tode, aber stets bei Tage statt; stirbt Jemand bis Mittags gegen 3 und 4 Uhr, so wird die Bestattung eiligst noch bis 6 Uhr vorgenommen. Es ist nicht zu verwundern, daß man unter diesen Umständen von scheintodt Beerdigten hört.

Die Chinesen und besonders die bemittelten unter ihnen lassen sich gerne durch europäische Aerzte behandeln und haben besonders bei Fieberkrankheiten im Allgemeinen zu diesen mehr Vertrauen als zu chinesischen Aerzten oder den eingeborenen *doekoen* (heilkundige alte Frauen). Gleichwohl werden die letzteren auch wohl zu Rathe gezogen, wenn Chinesen mit inländischen Frauen verheirathet sind. Es ist dies eigentlich eine Ausnahme von der Regel, denn wir können bemerken, daß der Chinese sich geradezu umgekehrt verhält, wie der Europäer, wenn Beide mit inländischen Frauen in gesetzlicher oder ungesetzlicher Ehe leben.

Der Europäer nimmt unter solchen Verhältnissen meist inländische Sitten an, richtet sich ganz nach der Frau, seine Kinder haben mehr den Typus von Eingeborenen, mit einem Worte, die Nationalität des Europäers geht verloren; dagegen bleibt der Chinese in seinen Handlungen, Sitten, seiner Ernährungsweise Chinese, seine

*) *Beri-beri* ist eine in Küstengegenden, besonders in Japan, dem Indischen Archipel, Süd-Brasilien u. A. auftretende Krankheit, deren Hauptsymptome Gefühllosigkeit der Haut, Lähmungserscheinungen und Wassersucht sind. Ueber die Entstehungsursache des Leidens ist noch nichts Bestimmtes festzustellen gewesen; die Gefährlichkeit desselben erhellt daraus, daß allein in Atjeh (oder Atchin, an der Nordspitze von Sumatra gelegenes Sultanat mit ca. 600,000 Einwohnern) in einem Jahre 2500 Menschen (nach Gelpke) an *Beri-beri* starben. Wie unklar man sich noch über das Wesen der Krankheit ist, mag daraus geschlossen werden, daß für ihre Entstehung die verschiedenartigsten Theorien aufgestellt worden sind, deren einzelne später noch kurz angedeutet werden.

Kinder haben mehr den Typus des Vaters, die eingeborene Frau schickt sich in chinesische Tracht, Gewohnheiten und Gebräuche. Vielleicht liegt die Erklärung hierfür in dem Umstande, daß Europäer in der Regel Inländerinnen, welche bereits Mutter eines rein inländischen Kindes waren, zur Frau nehmen, während die Chinesen sich möglichst bemühen, stets eine Jungfrau heimzuführen. Es kommt hier die bekannte Erfahrung in Betracht, daß Kinder einer Wittwe, welche schon früher geboren hatte, nicht selten dem ersten Manne gleichen, wie auch von Thieren Aehnliches behauptet wird; wenn Verfasser auch in wissenschaftlichen Werken keine bestimmten Thatsachen hierüber finden kann, so haben ihn doch Hundezüchter dahin berichtet, daß die später geborenen Jungen einer Hündin oftmals dem ersten Begatter ähneln, andere Viehzüchter sagen dasselbe und sehr allgemein ist der Glaube, daß eine Stute, die einmal von einem Esel ein Maulthier geboren hat, späterhin keine Füllen mehr wirft, welche nicht einige Aehnlichkeit mit einem Esel oder Maulthier zeigen. J. E. Teysmann beobachtete Aehnliches bei Pflanzen; pfropft man nämlich ein Reis mit farbigen Blättern auf einen Baum derselben Art mit nur grünen Blättern und läßt dasselbe sich vollständig entwickeln, so soll auch nach Entfernung des Zweiges der Baum selbst farbige Blätter hervorbringen. Um auf die Verhältnisse beim Menschen zurückzukommen, so ist in unserm Falle sicherlich auch die Umgebung nicht ganz außer Acht zu lassen, da bekannt ist, wie sehr auch diese das Individuum beeinflußt, ein Punkt, worauf wir später bei der Besprechung der Mischlinge noch zurückkommen werden.

Der Chinese hat übrigens ebensowenig wie der Eingeborene besonders viel Geduld als Kranker, keinesfalls darf die Behandlung lange dauern, da er sonst andere Hülfe aufsucht. Dadurch hat die ärztliche Thätigkeit bei Chinesen etwas Unangenehmes, doch thut man am besten, es zu ignoriren, wenn ein anderer Arzt den Kranken gleichzeitig behandelt, da sich eben hiergegen als ortsüblich nichts thun läßt. Auch bei chinesischen Kranken finden sich stets viele Zuschauer. Wir sahen schon bei der Betrachtung der chinesischen Wohnungen die schlechte Einrichtung der Schlafzimmer in hygienischer Beziehung; außerdem sind sie so dunkel, daß die Krankenuntersuchung dadurch noch mehr erschwert wird. Nur selten wird es glücken, einen Schwerkranken aus einer solchen ungesunden Kammer in einen luftigeren Raum bringen zu lassen.

Chinesische Heilmittel werden häufig zugleich mit den von den europäischen Aerzten verordneten gebraucht, und zwar in solchen Quantitäten, besonders bei den stärkeren Mitteln, daß häufig genug Fälle von Vergiftung durch Arzeneien vorkommen; außerdem finden sich bei ihnen noch einige sonderbare Kunstgriffe. So sah Verfasser bei einem an Krämpfen leidenden Kinde chinesische Aerzte mit Nadeln unter die Finger- und Zehennägel einstechen, um, wie sie sagten, dem Teufel Gelegenheit zu geben, durch diese Oeffnungen zu entwischen. Schwerkranke findet man oft in ihren besten Kleidern und mit Handschuhen im Bett liegend oder mit entblößtem Oberkörper eifrig und mit größter Wuth einen Säbel durch die Luft schwingend, um den Teufel zu tödten. Beide Methoden können ja schweißtreibend wirken und so einen gewissen Heilwerth haben.

Die Leiche eines verstorbenen Chinesen bleibt so lange wie möglich über der Erde, zwar wird sie schon früh in einen zuweilen schon bei Lebzeiten beschafften Sarg gelegt, doch die Beerdigung findet so spät wie möglich statt. Da für das Aufbewahren von Leichen über der Erde eine ziemlich beträchtliche, täglich zunehmende Steuer bezahlt werden muß, so wird es als zum Luxus gehörig betrachtet, dasselbe möglichst lange auszudehnen. Im Gegensatz zu den sehr einfachen Begräbnissen von Eingeborenen wird bei den chinesischen außerordentlicher Pomp entwickelt. Schädliche Folgen hat übrigens das erwähnte Aufbewahren von Leichen nicht, da die Särge gut verschlossen sind.

Einige nationale Feste geben vielfach Veranlassung zu Verwundungen und Erkrankungen. So ist bei einem solchen *(po-to* oder *reboetan)* eine Hauptsache das Ringen um Eßwaaren und Nippsachen, wobei es häufig zu Raufereien kommt. Bei dem *Tsap-go-meh* genannten Feste werden riesige von Bambu und Holz verfertigte Gestelle herumgetragen, welche mit Papier überklebt sind und Häuser, Schiffe, Blumen, Thiere u. s. w. darstellen; hierbei werden kleine Kinder als Staffage benutzt, hoch oben auf kleinen Stützen festgebunden und so stundenlang herumgetragen, meist in einem von den dabei gebrauchten Fackeln aufsteigenden dicken Qualm; sie werden dann von Zeit zu Zeit mit langen Krücken unter den Armen gestützt; der Tod soll häufig genug die Folge dieser Quälereien sein.

Es scheint sich sehr früh bei den Chinesen Schwachsichtigkeit zu entwickeln, da viele derselben bei ihrer Arbeit eine convexe Brille nöthig haben; es sind dies entweder europäische Brillen mit großen, runden Gläsern oder solche, die in China aus einem gut durchsichtigen, häufig dunkelbraune oder schwärzliche Flecken habenden Stein (eine Art Bergcrystall) geschliffen sind. Höchst selten sieht man chinesische Frauen mit den bekannten kleinen durch Einschnürung mißbildeten Füßen, die Füße selbst ohne Bandagen hat niemals ein Arzt in Indien gesehen. Mrs. Gray sah einen solchen in China ein einziges Mal und beschrieb ihn in der Revue britannique von September 1880.

Während ihres mehrere Tage dauernden Neujahrsfestes nehmen die Chinesen niemals Arzeneien ein; doch haben sie den Aberglauben, daß um diese Zeit Epidemien durch Vergraben von Köpfen der Schafe in den Straßenwinkeln unterdrückt werden könnten, wobei sie gleichzeitig Aufzüge, Feuerwerk, Beschwörungen, Gelübde u. s. w. abhalten. Nicht selten läßt man hierzu damit vertraute Chinesen aus der Heimath herüberkommen, damit alle Formalitäten richtig von Statten gehen.

Die in Niederländisch-Indien wohnenden Europäer sind zum größten Theile Niederländer, dann folgen der Zahl nach Engländer, Deutsche und solche anderer Nationalität. Es ist deshalb für den practizirenden Arzt nothwendig, mehrere Sprachen zu verstehen und geläufig zu sprechen; Niederländisch, Englisch, Deutsch, Französisch und das gewöhnlich gesprochene Malaiisch sind in den Hauptstädten dringend nöthig, dann ist es auch wünschenswerth, etwas Javanisch und einige chinesische Worte zu kennen. Weiter können allerdings die Anforderungen nicht gut gehen.

Zweifellos hat der längere Aufenthalt in den Tropen einen bedeutenden Einfluß auf die Persönlichkeit und viele Europäer bekommen einen typisch-indischen Character, woran sie nach ihrer Rückkehr nach Europa gewöhnlich zu erkennen sind. Es sei hierbei nicht blos an das Dunklerwerden der Hautfarbe gedacht, sondern es ist dabei die ganze Art und Weise des Seins und Handelns gemeint. Da man sich selbst in den Hauptstädten nicht gerade im Schooße europäischer Cultur befindet, sondern Vielem entsagen und sich häufig selbst helfen muß, was natürlich in den entlegeneren Gegenden noch mehr der Fall ist, so kommt man dadurch in die Nothwendigkeit, selbst Hand anzulegen in Dingen, die man in Europa Andern überläßt. Die Folge davon ist die Entwickelung einer ausgesprochenen persönlichen Meinung, das Gefühl andere missen zu können und ein hoher Grad von Selbstzufriedenheit, die von Andern nicht immer angenehm gefunden werden kann. Dabei trägt die europäische Welt in Indien den Character der Unbeständigkeit, eine Folge des fortdauernden Personenwechsels und des Umstandes, daß nur Wenige nach dort kommen mit der Absicht, dort zu bleiben; daher denn auch die Sucht möglichst rasch Geld zu verdienen oder zu Amt und Würden zu kommen, am liebsten gleich Beides.

Es ist sicher nicht abzuleugnen, daß viele Leute nach Indien auswanderten, deren geistige Bildung auf einer niedrigen Stufe stand, die aber durch angestrengte Arbeit oder Glück sich dort eine Stellung, sei es in der amtlichen oder finanziellen Welt, errangen, welche den ihnen nach Geistesbildung und Kenntnissen zukommenden Platz überragte. Wenn nun auch der Mangel an geistiger Unterhaltung und Erholung im Verein mit dem Einfluß des Klimas auf das ganze Nervensystem sehr häufig dazu führte, daß solche Leute sich mehr sinnlichen Genüssen ohne edlen Character hingaben, so ist es doch zu beklagen, daß manche Schriftsteller diese Ausnahmen, und Ausnahmen werden dies immer mehr, als das Bild aller aus Indien zurückkehrenden Europäer haben darstellen wollen und sich dadurch einer Unwahrheit in ihren Schilderungen schuldig gemacht haben. Bei unsern Betrachtungen über den Einfluß des Klimas werden wir auf diesen Gegenstand ausführlicher zurückzukommen Gelegenheit finden.

Bis vor einigen Jahren war mit einzelnen Ausnahmen, zu denen die Soldaten gehörten, die weiße Hautfarbe genügend, um als ein Mitglied der großen europäischen Gesellschaft, welches mit allen andern Mitgliedern in sozialer Beziehung gleich berechtigt war, angesehen zu werden. Später wurde dies anders; es bildete sich daneben ein zweiter Stand, zu dem die Arbeiter, Handwerker, kleinen Kaufleute u. s. w. gehörten. Verschwand früher infolge des für Alle gleichen geselligen Umganges sehr bald jeder Provinzialismus aus der Sprache, um dem gewöhnlich mit nur für Indien geltenden Wörtern gemischten Niederländisch Platz zu machen, so findet man jetzt viele, welche noch Amsterdamer, Rotterdamer Platt und andere Idiome sprechen. An den eben gesagten eigenartigen, indischen Wortformen und Wortbezeichnungen erkennt man meist den lange Zeit in Indien Gewesenen; viele dieser Ausdrücke stammen zweifellos aus der Zeit, wo nicht der gebildetere Theil der niederländischen Bevölkerung „nach dem Osten" zog. Daß z. B. das dort vielfache Vorkommen von Darmerkrankungen die Ursache der viel üblichen Redewendung: „es im Bauche haben" ist und daß mit der Mittheilung davon auch in Gesellschaft nicht hinter dem Berge gehalten wird, ist ein Beitrag zu der Richtigkeit des Gesagten. Gleichwohl wird in dieser Beziehung bei der jüngeren Generation eine Verbesserung der Formen wahrgenommen. Einige derartige Redewendungen sind außerdem aus dem Malaiischen übernommen worden, z. B. „sich lecker und unlecker fühlen" u. s. w.

Durch den fortwährenden Personenwechsel wird auch die ärztliche Thätigkeit eine unbeständige und wechselnde; man ist durch die Veränderung des eignen Wohnorts oder durch das Wegziehen der Aerzte so gewöhnt, jedes Mal durch einen andern Arzt behandelt zu werden, daß man sich überhaupt leicht zu einem Wechsel des Arztes entschließt. Ein Hausarzt in der angestammten Bedeutung des Wortes ist eine Seltenheit und kommen nur wenige Ausnahmen davon vor.

Die Kinderpflege ist in den letzten Jahren gegen früher unendlich viel besser geworden, wozu besonders die bessere Entwickelung des Familienlebens viel beiträgt. Es sind gebildetere europäische Frauen herübergekommen und die Folge davon ist, daß die Mütter jetzt die Pflege und Wartung ihrer Kinder weniger als früher den *baboe*'s überlassen. Die von diesen früher häufig angewendeten schändlichen Mittel zur Beruhigung der Kleinen sind so gut wie verschwunden, doch hat man nun einmal inländische Dienerschaft nöthig und muß sie stets beaufsichtigen; der Arzt Bolsius theilte z. B. eine Vergiftung seines eignen Kindes durch Samen von Stechapfel (Datura stramonium) mit, welche die *baboe* in das Bett streute und in die Nahrung mischte, um das Kind zu beruhigen.

Eine vollkommen zuverlässige Statistik über die Sterblichkeit von Europäern in Indien zu geben, ist nicht gut möglich. Die Meisten verbleiben nur vom 20.—25. bis zum 40.—45. Lebensjahre in Indien und die größere Anzahl von ihnen (Militärs und Beamte) kommt als völlig gesund dort an, weil diese vor ihrer Abreise auf ihre Gesundheit untersucht werden, verlassen aber Indien meist wieder, wenn sie schwer krank werden. Die zeitweiligen kriegerischen Unternehmungen mit ihren Folgen beeinflussen auch die Statistik für die Armee und würde die dadurch entstandene Fehlerquelle nur durch

Berechnung größerer Zeiträume einigermaßen ausgeglichen werden. Doch ist die militärische Todesstatistik noch die beste, da, wie wir später sehen werden, die bürgerlichen Listen für diesen Zweck vollkommen unbrauchbar sind.

Fast alle Europäer sind blutarm und bleichsüchtig, ein Zustand der nur in den zwei ersten Lebensjahren selten, übrigens Regel ist. Die in Indien geborenen europäischen Mädchen sind früher entwickelt als die in Europa geborenen; Männer sind in der Regel gesunder als Frauen. Den Hauptfactor der Krankheiten bilden solche der Verdauungsorgane und miasmatische Erkrankungen (Wechselfieber u. s. w.). Das vielfache Vorkommen der Darmaffectionen giebt Anlaß dazu, daß die meisten Mütter sich täglich mit den Betrachtungen beschäftigen, welche Hamerling in seiner „Aspasia" als eine besondere Liebhaberei der Ehegattin des Perikles bezeichnete; sie haben dabei ganz Recht und die Aerzte finden in der mütterlichen Fürsorge recht oft brauchbare Fingerzeige für die Diagnose.

Sonderbar ist, daß viele europäische Frauen die den inländischen und noch mehr den Mischlingen eigenthümliche Körperhaltung beim Gehen sich aneignen; die Haltung ist eine ganz gerade mit nach vorn gebrachtem Unterleibe und lang am Körper gehaltenen Armen; die Erwähnung dessen ist nicht ganz überflüssig, da die ganze Haltung an eine in der That nicht bestehende Gravidität erinnert und Irrthümer in dieser Beziehung vorkommen. Doch ist es nicht die Haltung allein, welche nachgeahmt wird, sondern es nehmen auch viele europäische Frauen, mehr noch die Creolinnen, die Sitten von inländischen Frauen gerne an; man findet unter den Creolinnen berechnetermaßen mehr mit inländischen Gewohnheiten, Untugenden und Neigungen, als unter den Mischlingen, eine Folge der Erziehung, die bei jenen oft der Dienerschaft überlassen wird, während die Mischlinge sich bestreben, mehr nach europäischer Weise zu leben. Auch die europäischen Frauen sind fast alle blutarm und neigen fast ohne Ausnahme zu einer Zunahme der Körperfülle im späteren Alter; nur Wenige von ihnen sind im Stande, ihre Kinder selbst zu nähren.

Eine besondere Betrachtung verdienen die Menschen gemischter Rasse, besonders die Abkömmlinge von Europäern mit inländischen oder halbinländischen Frauen.

In vielen Büchern über Indien sowohl natur- wie sprachwissenschaftlichen Inhalts werden Typen der Mischrasse gegeben, in den letztgenannten meist nur, um den Leser mit der sonderbaren Veränderung zu unterhalten, welche die niederländische Sprache in ihrem Munde erfährt. Die Verbreitung der Schulen, besonders der staatlichen Schulen in den letzten Jahren läßt die Sprachverschiedenheit zwar mehr und mehr verschwinden, doch werden noch viele Ausdrücke angewendet, die stark an das Malaiische erinnern und es ist auch für rein europäische Kinder schwer, von dem indischen eigenthümlich singenden Accent frei zu bleiben; aber im Allgemeinen hört man viel weniger als früher den angedeuteten Dialekt sprechen.

Man kann ruhig behaupten, daß die gemischte Rasse in der Regel zu wenig studirt wird und demzufolge nur einzelne, nicht immer maßgebende Vorbilder als Typen derselben gedient haben. Diese Menschen stehen bei Berücksichtigung ihrer eigenthümlichen Erziehung und Entwickelung nicht auf einer so tiefen Stufe, wie es oft dargestellt wird, sie sind freilich anders als Europäer und anders als Eingeborene, — sie sind eben eine Classe für sich. Glücklicherweise findet man Leute genug, die sich ihrer annehmen, sie richtiger beurtheilen, und mit Wärme gegen unwahre Beschuldigungen vertheidigen. Man muß im Verkehr mit ihnen ihren Neigungen und Gewohnheiten Rechnung tragen, ihre Sprache verstehen und vor allen Dingen es nicht durchblicken lassen, wenn man die eine oder die andere Undeutlichkeit derselben nicht recht verstanden hat, lieber einen Umweg machen, um dahinter zu kommen, was gemeint war, als geradezu zu fragen, was damit gesagt werden sollte. Das Letztere hat nämlich etwas Erniedrigendes in ihren Augen, da sie gutes Niederländisch sprechen zu können glauben und wünschen.

Man findet unter den männlichen Mischlingen bald robuste, außerordentlich starke Menschen, dann wieder sehr magere, schwache, blutarme Individuen. Diese zwei Typen machen die Mehrzahl aus, und haben nur selten Zwischenstufen; da der erstere Typus sich meist bei in Europa großgezogenen Mischlingen findet, so scheint es, daß das gemäßigte Klima einen sehr günstigen Einfluß auf die Körperentwicklung derselben ausübt, besonders in der Zeit des stärksten Wachsthums; der zweite Typus ist allgemein bei der ärmeren, meist in den ungesunden Vorstädten, besonders denen Batavia's, wohnenden Classe. Bei weiblichen Farbigen ist das weniger der Fall. Wir finden bei ihnen in der Hauptsache Folgendes: in der Kindheit aufgetriebenen Unterleib, wenig entwickelten Brustkorb und magere Extremitäten; dann frühzeitige Geschlechtsreife (durchschnittlich im dreizehnten Lebensjahre), worauf der Unterleib an Umfang abnimmt, Brustkorb und Extremitäten sich besser entwickeln, Hände und Füße kleine und meist geradezu schöne Formen annehmen; es finden sich ferner bei ihnen häufig außerordentlich stark entwickelte Brüste; sehr langes, weiches und dickes, schwarzes Haar, an Dicke fast dem Pferdehaar gleichend; ziemlich große Fruchtbarkeit oder vollkommene Sterilität. Nach dem 30. Jahre beginnt meist eine erhebliche Fettbildung und nimmt der Körperumfang erheblich zu. Gewöhnlich sind die Mütter zu ihren Kindern sehr zärtlich.

Außer den Malaria-Einflüssen, welche als Hauptursache ihrer schwachen Entwickelung angesehen werden müssen, und häufig Anlaß zu fieberhaften Krankheiten (Sumpffieber, Wechselfieber) geben, muß die schlechte, unzweckmäßige Ernährungsweise als Krankheitsursache besonders von Unterleibsleiden betrachtet werden. Man findet ferner viel Syphilis und sehr häufig Lungenschwindsucht.

Die geistige Entwickelung der Mischlinge ist sehr verschieden; es giebt unter ihnen höchst begabte, wohlgebildete mit gutem Verstand und klarem Urtheil, doch auch andere, deren Dummheit (nicht blos Unwissenheit) an das Unglaubliche grenzt, ohne daß sie gerade Stumpfsinnigkeit genannt werden könnte. Besonders Beispiele letzterer Art dienen in Erzählungen zur Erheiterung des Lesers, führen aber außerhalb Indiens leicht zu einer verkehrten Beurtheilung. Ihr Charakter ist ein Gemisch von übertriebener Gutherzigkeit und weitgehender Schlechtigkeit, letzterer wohl in Folge der schlechten Erziehung, wie auch von Eifersucht und Unterdrückung. Es sehen nun einmal viele Europäer auf die Abkömmlinge aus Mischehen als auf eine Menschenrasse von geringerem Werth herab und machen in dieser Beziehung nur eine einzige Ausnahme bei ihrer eigenen Frau und ihren Kindern. Auch Eingeborene und Chinesen theilen die Ansicht vielleicht deshalb, weil Farbige mit beiden familiärer verkehren, als Europäer dies in der Regel thun. Doch flößt die Behandlung von oben herab den Mischlingen ein nicht selten bis zum Haß ausartendes Gefühl der Unterdrückung ein, welches bei ihrer meist zum Jähzorn neigenden Gemüthsart die traurigsten Folgen für ihren Charakter nach sich zieht. Dabei ist ein Hauptzug des Letzteren Eifersucht, in gewisser Beziehung begründet durch die Handlungsweise der farbigen Frauen, denn daß Anlaß genug zur Eifersucht auch bei Verheiratheten vorhanden, ist eine unanfechtbare Thatsache.

Doch es wurde auch ihrer selbst übertriebenen Gutherzigkeit gedacht und nicht ohne Berechtigung. Mischlinge haben viel für einander und ihre Freunde übrig, sie scheuen nöthigenfalls keine Mühen und Kosten, andern gefällig zu sein und legen dabei häufig große Selbstaufopferung an den Tag. Die Frauen sind vortreffliche und unermüdliche Krankenpflegerinnen, wenn auch erfüllt von Vorurtheilen und abergläubischen Ideen. Ein gewisses Mißtrauen Europäern gegenüber ist häufig, das äußert sich besonders durch ein eigenthümlich geheimthuerisches Wesen. Man wird oft sehen, wie beim Eintritt in die Wohnung eines Mischlings dieser zunächst ohne Grund wegeilt und dann wieder ruhig zurückkommt, oder wie bei Annäherung an die Thür diese verschlossen, ein daliegendes Papier, ein Brief umgewendet wird, ohne daß man daran gedacht hätte, hineinzusehen; auf Fragen wird auf Umwegen oder gar nicht geantwortet u. s. w. Durch diese Sonderbarkeiten machen Mischlinge bei einem Aufenhalte in Europa einen unvortheilhaften Eindruck.

Eigenthümlich ist die Art, wie besonders weibliche Mischlinge große Betrübniß zu erkennen geben, sie bleiben dann nämlich, als ob sie krank wären, zu Bett liegen; vielleicht ist das Gefühl von Schwäche bei Trauer die Folge davon, daß sie in ihrer Jugend niemals sich beherrschen lernten. Nur selten wird man Mischlinge antreffen, die sich in Bezug auf das Ertragen des Klimas wie Europäer verhalten, gewöhnlich nähern sie sich in der Beziehung mehr den Inländern. In der Regel ist für sie ein zeitweiliger Aufenthalt in den gemäßigten Klimaten weniger nöthig. Ihre Haut gleicht mehr der der Eingeborenen, sie ist gewöhnlich kühl und etwas feucht; auch die Farbe nähert sich mehr der der malaiischen Rasse, variirt aber von Dunkelbraun bis in seltenen Fällen zum Weiß. Die Haarfarbe ist schwarz oder tief dunkelbraun, bei Einzelnen nur als Ausnahme blond. Die Farbenverschiedenheit auch der Haut ist zuweilen sonderbarer Art, man findet z. B. die Tochter eines Europäers und einer javanischen Frau nicht sehr dunkel gefärbt, jedoch die Kinder dieser Tochter, auch von einem europäischen Vater, wieder von außerordentlich dunkler Färbung. Die Erklärung dafür ist noch nicht gegeben, das einzige, was als solche dienen könnte, ist der Atavismus oder die Neigung zur Rückkehr auf frühere Formen, worüber Darwin's Theorien nähere Aufschlüsse geben. Kommt es doch auch ohne Rassenkreuzung vor, daß die Enkel den Großeltern gleichen.

Die Gesichtsbildung nähert sich stets mehr der malaiischen: kleine eingedrückte, etwas breite Nase, dunkelbraune Augen, vorspringendes Joch- und Oberkieferbein, breite Lippen. Doch sind auch bei diesem Typus schöne Frauen nicht selten, zumal der Körperbau ist in der Jugend meist sehr schön, während sich die Bewegungen durch Ungezwungenheit und Anmuth auszeichnen; es giebt deshalb auch dort viele ausgezeichnete Tänzerinnen. Es würde uns zu weit führen, die Theorien über den Einfluß von Vater und Mutter auf das Kind, worüber schon Virgil eine bestimmte Meinung hatte, näher zu besprechen, seine Ansicht, daß die Mutter vor allen Dingen Einfluß auf die Größe des Kindes habe, findet bei den Mischlingen wohl einige Stütze: sie sind gewöhnlich nicht groß.

Die bei manchen eingeborenen Frauen vorhandene ungewöhnliche Biegsamkeit der Gelenke findet man bei Mischlingen fast in demselben Maße, oftmals bis zu der Möglichkeit, die Finger nach rückwärts zu beugen bis auf die Rückfläche des Vorderarms. Man weiß, daß die inländischen Tänzerinnen sich darauf verlegen, diese Biegsamkeit durch Uebung zu vervollkommnen und wer sie selbst noch nicht sah, wird Abbildungen von solchen Tänzerinnen mit ihren ungewöhnlichen Gliederbewegungen für übertrieben finden, wenn nicht nach der Natur aufgenommene Photographien zum Beweise der Wahrheit dienten. Viele Mischlinge halten viel davon, ihre Gelenke durch Recken und schnelles Bewegen knacken zu machen, was auch Inländer angenehm finden. Ueber eine andere Sitte, das Kneipen und Reiben *(pitjit)* des Körpers, wird später ausführlicher gesprochen werden. Auch die Lebensweise der Mischlinge nähert sich, wenn nicht die Umstände eine andere vorschreiben, bezüglich der Ernährung dem inländischen Modus; und sind sie auch gezwungen, nach europäischer Sitte zu leben, so werden sie doch bei jeder Gelegenheit davon abzuweichen suchen: den Reis mit den Fingern zu essen, einige inländische *kweekwee* (Gebäck) erlangen oder sich an unreifen Früchten mit Zucker und spanischem Pfeffer eine Güte thun zu können, bleibt für sie stets ein Genuß. Noch ist erwähnenswerth, daß Mischlinge, doch auch häufig in Indien geborene Europäer (Kreolen), bei einem längeren Aufenthalt in Europa alles typisch Indische in ihrem Thun und Denken verlieren und sich mit den Europäern vollständig gleich stellen;

kehren sie jedoch dann nach Indien zurück, so gehört es zu den seltenen Ausnahmen, daß sie europäisch bleiben, sie nehmen sehr bald wieder indische, besser gesagt inländische Gewohnheiten und Denkungsweise an. Das Sehen der tropischen Pflanzenwelt scheint gleichsam genügend zu sein, alle europäischen Einflüsse abzuschwächen und auch die in Europa etwas heller gewordene Hautfarbe beginnt nach der Rückkehr rasch wieder zu dunkeln.

Im Allgemeinen vermehrt sich die Mischrasse sehr stark; während nach europäischer Statistik die Frau in Europa durchschnittlich ein Kind in zwei Jahren gebärt, kommt die Zahl für die Mischlinge höher und zwar manchmal bis auf ein Kind pro Jahr.

Ein Characterzug männlicher Mischlinge ist der, daß sie alle auf Bureaus oder Comptoirs thätig zu sein wünschen. Handarbeit ist ihnen unangenehm, höchstens würden sie noch als Aufseher oder bei mehr Kenntnissen als Techniker angestellt sein wollen, doch sind Bureauarbeiten ihr Ideal und sie schreiben auch in der Regel sehr hübsch. Wird Körperbewegung für nothwendig erachtet, so ist ihnen dazu die Jagd ein beliebtes Mittel und eine gerne genossene Erholung. Sie altern früher als Europäer und nähern sich auch in dieser Beziehung mehr den Inländern; bei Frauen fällt das frühzeitige Altern noch vielmehr in's Auge als bei Männern, vielleicht im Zusammenhang mit der Veränderung, welche bei ihnen die Hautfarbe infolge des allgemein gebräuchlichen Bepuderns von Gesicht, Hals und dem oberen Theil der Brust mit Reispulver erfährt. Die Oeffnungen der Schweißdrüsen werden dadurch verstopft und das darin verbleibende Reismehl in der Farbe verändert, wodurch ein Teint entsteht, den man am besten als schmutzig bezeichnet; die Schweißabsonderung wird dadurch behindert und die Haut bekommt ein trockenes, fahles Ansehen. Es ist wirklich zu verwundern, daß Viele das Auftragen dieser weißen Masse noch schön finden.

Einzelne meist weibliche Mischlinge kauen *sirih*, besonders wenn sie etwas älter werden, es muß dies bei Beurtheilung der Farbe von Zunge und Lippe berücksichtigt werden. Mißbrauch von Alcohol und Opium ist selten, dem Geschlechtsgenuß wird aber um so mehr gefröhnt.

Während im Allgemeinen die wunderschönen weißen Zähne der Mischlinge bewundert werden und Frauen sich die Pflege derselben sehr angelegen sein lassen, indem sie sie z. B. mit eigens hierzu ausgesuchten kleinen, runden, weißen Steinchen abschleifen, haben doch niederländische, französische und amerikanische Zahnärzte erklärt, niemals in andern Ländern so erhebliche Zahnerkrankungen gesehen zu haben, wie bei jenen.

Zum Schluß noch die Bemerkung, daß es stets schwierig sein wird, eine erschöpfende Abhandlung über die Mischlinge zu geben, wofür der Grund in der ungemein vielfältigen Kreuzung der Rassen und der Unsicherheit der Abstammung liegt, welcher letztere Punkt bei dem lockeren Moralitätsgefühl stets sehr schwierig festzustellen ist. Betreffs der Kreuzungen stelle man sich die allerverwickeltsten Verhältnisse vor; Verfasser kennt beispielsweise Menschen, deren Stammbaum folgender Maßen aussieht:

Europäer, Afrikanische Negerin — Sohn
Armenier, Sundanesische Frau — Sohn
Europäer, Javanische Frau — Tochter
Sohn (Armenier), Tochter (Europäer) — Tochter
Sohn (Europäer), Tochter — Tochter

Zu welchem Volksstamm soll man die letztere nun rechnen, bei welcher übrigens der Negertypus vorherrschend ist! Und doch kommen auch noch complicirtere Kreuzungen vor. Die bei Mischlingen häufig anzutreffenden alt-portugiesischen Namen scheinen ein Beweis einer schon seit Jahrhunderten bestehenden ungeschwächten Fortpflanzung derselben zu sein.

Für eine einigermaßen brauchbare Statistik eignen sich die bürgerlichen Standesregister nicht. Das Gesetz nennt Europäer und „mit ihnen Gleichgestellte“ und bezeichnet als letztere allerlei Menschenarten; so ist es z. B. möglich und auch wirklich vorgekommen, daß ein mit einer eingeborenen Frau verehelichter christlicher Eingeborener seine Kinder aus dieser Ehe auf dem Standesamt als Europäer einschreiben läßt; er braucht hierzu bei der Anmeldung auf dem Standesamt nur seinem meist aus der Bibel genommenen Taufnamen eine kleine mehr an's Europäische erinnernde Aenderung zu geben und z. B. Jonathan in Jonathans umzuwandeln, seine Geburts- und Trauungspapiere werden ihm dabei zur Controlle doch nicht abverlangt. Man versteht so, wie schwierig es ist, reine Angaben zu bekommen und daß diese Schwierigkeit sich bis zur Unmöglichkeit steigert, wird sich aus noch folgenden Betrachtungen ergeben.

Die Neger sind nur in verhältnißmäßig geringer Zahl vorhanden und stammen meist von den von der Küste von Guinea als Soldaten eingeführten Negern ab; ihre Abkömmlinge mit eingeborenen Frauen behalten den Negertypus selbst einige Generationen hindurch stark bei. In der Armee sind sie mit Europäern gleich gestellt und heißen in Folge dessen bei den Eingeborenen „schwarze Holländer“; sie sind große Liebhaber von Spirituosen und starke Trinker.

Kleidung.

Die Besprechung der Bekleidungsweise wird sich mehr auf das Allgemeine erstrecken und vor Allem den besonders wichtigen sanitären Standpunkt in's Auge fassen. Die gewöhnliche Kleidung des Eingeborenen besteht aus einem ziemlich großen viereckigen, mit bunten Figuren versehenen kattunenen Tuch, welches gefalten um den Kopf getragen wird, aus einem farbigen kattunenen Rock oder einer Jacke, einem engen kattunenen Beinkleid und einer langen Leibbinde aus demselben Stoff, die um die Taille gewunden wird. Die Frauen tragen für gewöhnlich kein eigentliches Kopftuch, höchstens im Sonnenschein ein Stück farbigen Kattuns über den Kopf, eine längere Jacke, als die Männer, welche bis auf die Knie reicht und auf der Brust doppelt gefüttert ist; einen Sarong (Sejte 24), der in der Art wie ein Unterrock getragen wird; die javanischen Frauen außerdem ein Brusttuch, während von allen noch ein sehr langes Tuch *(slendang)* über die eine Schulter geworfen wird. Kinder gehen nackt oder tragen das früher genannte *oto* (Seite 35), nebst einer goldenen oder silbernen Platte zur Bedeckung der Schamtheile, welche *ampok-ampok* heißt. Dies ist die Kleidung des Mittelstandes und aller Eingeborenen in ihrem täglichen Treiben, wozu noch zuweilen ein großer platter Hut von Bambu, gemalt und mit Firniß gestrichen, kommt, der von Frauen beim Arbeiten auf dem Lande auch wohl getragen wird. Festlich gekleidet tragen die Männer häufig eine bis oben zugeknöpfte Weste, eine Jacke und Beinkleid von Tuch, sowie Sandalen oder Schuhe. Die Kleidungsstücke der Frauen sind dann oft statt von Kattun von Seide. Auf die höchst unpractische gesetzlich vorgeschriebene officielle Kleidung des inländischen Beamten brauchen wir nicht weiter einzugehen, weil sie nur einige Stunden im Jahre überhaupt getragen wird.

Arme Leute tragen nur einen Rock und ein Stück Sarong, Kulis bei ihrer Arbeit meist nur letzteren. Die gewöhnliche Kleidung wird stets anbehalten und nur beim Baden für einen Augenblick abgelegt, zuweilen auch Nachts etwas davon ausgezogen; erst wenn der Anzug verschlissen, wird ein neuer angeschafft. Besondere Reinlichkeit in der Kleidung ist eine Ausnahme, da sie nur einmal im Jahre erneuert wird; die hübschesten Kleider in der Familie trägt der älteste Sohn. Das einzige Kleidungsstück, auf welches viel Werth gelegt wird, ist das Kopftuch, welches sogar sorgfältig vor dem

Naßwerden geschützt wird. Javanen und die meisten Sundanesen tragen stets einen *kris* (Dolch), der in Größe und Form so mannigfaltig ist, daß man darüber allein ein besonderes Buch würde schreiben können. In der Regel wird das Hauptthaar bei Erwachsenen nicht abgeschnitten, bei Kindern wird der Kopf kahlgeschoren und zwar findet dies bei Knaben bis spätestens im zweiten Jahre statt, wo nach mohammedanischer Vorschrift 2 Locken stehen bleiben müssen, bei Mädchen bleibt nur auf dem Scheitel etwas Haar stehen, welches dann bei der Beschneidung und der Hochzeit verschnitten wird. Betreffs der verschiedenen Haartouren sei nur erwähnt, daß die Frauen auch hier öfter falsche Haarzöpfe in ihre eignen Haare flechten.

Die Chinesen tragen als gewöhnliche Kleidung einen Strohhut mit ziemlich breitem Rand, einen weißen Rock und darüber einen zweiten, manchmal von schwarzer Farbe, ein sehr weites blaues oder schwarzes kattunenes Beinkleid, dessen Spalt fast zwischen den Knien liegt, Tuchschuhe mit dicken weichen Sohlen bei gutem Wetter und mit in der Mitte der Quere nach gespaltenen Holzsohlen bei Regen; ihre sehr prächtige Staatskleidung und die bei Beerdigungen ist der in China gebräuchlichen gleich. Die chinesischen Frauen kleiden sich in der Regel wie Eingeborene und nur bei außerordentlichen Gelegenheiten legen sie die eigentlich chinesische Kleidung an. Fächer, Sonnen- und Regenschirme sind sehr beliebt, die letzteren von Bambu und Papier verfertigt, werden auch von Eingeborenen und Europäern gebraucht.

Die Araber tragen ebenso wie die Hindus die in ihrem eignen Lande übliche Kleidung, welche in der Hauptsache bei Beiden aus weißem Kattun besteht; bei den Arabern kommt noch eine farbige zuweilen mit Borden besetzte Weste dazu.

Gerade diese Kleidung scheint im Allgemeinen für das Klima sehr passend zu sein und wird deshalb, zum Theil auch von Europäern, besonders als Nacht- und Hauskleidung getragen.

Die Europäer, Farbigen und Neger haben dieselbe Kleidung. Sie folgen europäischer Mode in Bezug auf Abend- und Festkleidung, und zwar sowohl Männer wie Frauen. Bei den gewöhnlichen täglichen Beschäftigungen wird von Männern in der Regel ein weißkattunener Anzug getragen, der auch bei freundschaftlichen Zusammenkünften üblich ist. Die Meisten tragen ein Oberhemd mit Halsbinde, einen weißen Rock und Hose, Strümpfe und lederne oder weiß leinene Schuhe; manche legen auch Unterhose und Unterjacke von Flanell an. Die Kopfbedeckung ist der gewöhnliche, kleine, schwarze oder graue Hut, oft ein helmartiger Hut von Kork, fast nie Strohhüte; früher, jetzt nur selten, gingen die Männer barhäuptig. Die Nachtkleider bestehen aus einer sehr weiten Nachthose von dünnem farbigem oder »*gebatikt*« (Seite 24) Kattun und einem weißen Ueberkleid. Zu Hause trägt man stets Pantoffel.

Die Frauen tragen im Hause Sarong und Jacke, darunter ein Hemd oder Unterleibchen (*koetang*) und zuweilen ein Beinkleid, ferner Pantoffel, seit einigen Jahren solche mit hohen Absätzen; Hüte werden nur bei seltenen Gelegenheiten aufgesetzt, doch kommen sie immer mehr in Gebrauch bei Ausfahrten, bei festlichen Zusammenkünften u. dgl., Handschuhe sieht man meist nur auf Parthien. Wenn Damen werthvolle »*gebatikte*« oder seidene Sarongs tragen, haben sie vielfach die Gewohnheit, einen zweiten weniger theuren darunter anzulegen. Der allgemein gebräuchliche Sarong ist auch als Krankenbekleidung und zwar als offener Rock getragen sehr praktisch, doch läßt man am besten z. B. bei Unterleibsleiden Nachts außerdem Strümpfe und sogar eine Hose anlegen, da der Sarong durch die unwillkürliche Bewegung im Schlafe leicht nach oben verschoben und dadurch die untere Körperhälfte zu stark abgekühlt wird. Den Sarong tragen manche Männer, unter Anderem alle Engländer, immer Nachts.*) Die männlichen Mischlinge haben fast ausschließlich weiße Anzüge, ihre Frauen im Mittelstande fast stets nur Sarong und weiße Jacke; Kleider sind ebenso wie Strümpfe, Beinkleider und Hemden eine Ausnahme, doch sind *koetang*'s (Unterleibchen) sehr gebräuchlich.

Sicherlich entspricht die Kleidungsweise der Europäer durchaus nicht den Anforderungen des Klimas und noch dazu geben die Aerzte selbst kein gutes Beispiel, da sie wenigstens in den größeren Städten stets schwarz gekleidet sind. Der Grund davon ist nicht in dem Streben würdevoller zu erscheinen, sondern in der Nothwendigkeit zu suchen: man fährt den ganzen Morgen umher durch Staub und Regen, kommt auch in ärmliche Hütten, geräth oft mit nicht sehr reinlichen Kinderhänden zusammen u. s. w.; die Folge davon ist, daß Versuche, weiße

*) Die letzteren Bemerkungen finden ihre Erklärung darin, daß es in Indien nicht allgemein üblich ist, sich im Bette zuzudecken.

Kleider zu tragen, daran scheitern, daß diese sehr bald schlecht aussehen. Schwarz hält sich zwar besser, ist aber aus anderen Gründen sehr unpractisch.

Natürlich ist es wenig rationell, während der wärmsten Stunden des Tages mehr und dickere Kleidungsstücke anzulegen, als während der kühleren Abend- und Nachtzeit, doch ist die sonst zweckmäßige, luftige Nachtkleidung wenigstens in ihrer gegenwärtigen Form für die täglichen Beschäftigungen ungeeignet; die in vieler Beziehung practischen Engländer tragen unter Anderm in Britisch-Indien und Singapore eine viel zweckmäßigere Tagesbekleidung; sie haben nämlich weiße Pantalons und weiße einreihige, bis an den Hals geschlossene Jacken mit kleinen aufstehenden Kragen, dann große Korkhüte mit weißem Kattun oder Seide garnirt. Jedoch findet man dies nicht distinguirt genug in der niederländischen Colonie. Als practische und in hygienischer Beziehung beste Kleidung müssen wir die aus weißem Kattun bezeichnen. Leinen ist zu warm, zumal da dies in Indien nicht gemangelt, sondern stets gebügelt wird. Leichte sogenannte chinesische Seide ist auch gut zu gebrauchen. Das Tragen von Flanell ist empfehlenswerth, da dasselbe wie alle Wollstoffe ein schlechter Wärmeleiter ist und zugleich viel Hautfeuchtigkeit aufnimmt; durch die Dicke des Flanells findet ferner die Verdunstung der Feuchtigkeit nur sehr langsam statt, sodaß in Verbindung mit der schlechten Wärmeleitung ein schneller Temperaturwechsel auf der Hautoberfläche verhütet wird. Erinnert man sich hierbei dessen, was über die Einwirkung von Sonnenhitze und Wind früher gesagt wurde (Seite 6), dann treten die Vorzüge des Flanells deutlich hervor. Auch viele Inländer tragen öfter statt des Kattuns diesen Stoff und für Reisende muß man flanellene Unterkleider als geradezu unentbehrlich bezeichnen. So theoretisch richtig diese Betrachtungen auch sind, räth man doch Eltern stets davon ab, gesunde Kinder von Anfang an an Flanell zu gewöhnen, da es besser scheint, den Körper möglichst gegen die stets wiederkehrenden athmosphärischen Einflüsse abzuhärten. Allerdings ist dabei mit der Individualität, der erblichen Anlage u. s. w. zu rechnen, und Leuten, die einmal Ruhr, indische Spruw*) oder

*) Indische Spruw ist eine nur in den Tropen vorkommende Krankheit, die nicht ansteckend, fieberlos, schleichend ist und sich durch Mundfäule, chronische Diarrhöe und Lebererkrankung kennzeichnet. Der Tod erfolgt nur selten in Folge der Krankheit, doch ist deren Heilung sehr schwierig.

andere erhebliche Darmerkrankungen überstanden, welche Neigung zu rheumatischen Processen haben, bei denen Lungenschwindsucht erblich ist u. s. w., das Tragen von Flanell vorzuschreiben; dasselbe gilt für Alle, die viel im Freien arbeiten. Für Unterkleider muß stets weißer Flanell genommen werden; die sehr gebräuchlichen dunkelfarbigen Flanellröcke sind für Abends und Nachts zu empfehlen, besonders für solche, die ihr Beruf Nachts in's Freie führt. Jedenfalls thut man gut, Abends zum Ausgehen mindestens einen Plaid oder ein warmes Umschlagetuch mitzunehmen. Bei oberflächlicher Betrachtung sollte man meinen, daß in einem heißen Lande, wo das Thermometer so wenig Schwankungen angiebt, derartige Maßregeln als überflüssig betrachtet werden könnten; die Erfahrung belehrt uns dieser Annahme gegenüber eines Besseren. Es giebt sicher genug Europäer, die lange in Indien verweilten und das hier Gesagte übertrieben nennen werden, da sie selbst niemals so besorgt gewesen sind und doch keine Nachtheile davon empfunden haben; aber sie stehen auf derselben Stufe wie Mütter, welche ihre Kinder mit Brei auffüttern, da diese ja auch einmal mit Mehlkost gedeihen können. Ferdinand von Lesseps sagte in einem Toast bei dem Abschiedsessen zu Ehren der zur Durchstechung der Landenge von Panama abreisenden Personen: „Fürchten Sie nichts vom heißen Klima, doch hüten Sie sich in dem warmen Lande vor Kälte"; und der Rath ist vortrefflich. Jeder Arzt hat in Indien reichlich Gelegenheit, den Einfluß der Temperaturverschiedenheit der Luft und des Windes zu erfahren, und wird wohl dem hier Gesagten zustimmen.

Im Hause sind diese Maßregeln unnöthig; je mehr es offen steht, desto besser, man braucht keine Besorgniß vor Zugluft zu haben, die eigentlich in Indien nicht vorkommt. Zug entsteht ja hauptsächlich durch die Verschiedenheit der Temperatur, welche in kühleren Gegenden zwischen warmen Zimmern und kalten Gängen oder zwischen dem warmen Hause und kalter Außenluft bestehen kann; er kann wohl auch die Folge des Eindringens von starkem Wind in enge winklige Straßen sein. Alle diese Momente bestehen in Indien nicht. Die Temperatur innerhalb und außerhalb des Hauses differirt nicht genug, um Zugluft zu Stande kommen zu lassen, sehr starke Windströmungen sind selten, die Wege breit und die Häuser niedrig genug, daß die Luftströmung darüber hinwegstreichen kann. Es kann wohl einmal stark durchs Haus wehen, doch hat dieser Wind in der Regel nicht den nachtheiligen Einfluß wie Zugluft, da er kaum einen Unterschied in der Temperatur aufweist. Man verstehe dies jedoch nicht verkehrt und halte es nicht für eine Inconsequenz, wenn früher auf die Gefahren der durch den Wind beschleunigten Verdunstung des Schweißes hingewiesen wurde und jetzt dessen Wirkung scheinbar gering geachtet wird; damals wurde besonders auch der mächtige auftrocknende und dadurch abkühlende Einfluß der Sonnenstrahlen betont, dem auch hier noch größere Bedeutung zugesprochen werden muß, als dem Winde.

Die beste Kopfbedeckung, wenn auch nicht gerade der Form nach die schönste, ist ein helmartiger Hut von Kork oder von geflochtenem Bambu mit weißer Seide oder weißem Kattun belegt; im Innern desselben befindet sich ein um den Kopf schließender von Bambu oder Stroh gefertigter Rand. Die Korkhüte sind leicht, absorbiren wenig Wärme und lassen genügende Luftcirculation zu.

Als Fußbekleidung sind weiße leinene Schuhe, mit Lederriemen verstärkt, anzuempfehlen. Die meistgetragenen lackirten Schuhe werden in den Sonnenstrahlen glühend heiß. Die zu Hause von Männern getragenen Pantoffel sind auch nur im Hause brauchbar; schon ein kleiner Ausgang in Pantoffeln erzeugt ein krampfhaftes Ermüdungsgefühl in der Fußsohle, wie dies ja auch nicht zu verwundern ist, da die Pantoffel an der Ferse keinen Halt haben und mit den etwas gebeugten Zehen gehalten werden müssen. Noch größeren Nachtheil haben die neuerdings für die Damenwelt modernen Pantoffel mit hohen Absätzen.

Die Sitte der Frauen, zu Hause „ungekleidet" zu gehen, giebt noch Anlaß zu einigen Betrachtungen. „Ungekleidet" bedeutet nur mit Sarong und Jacke bekleidet zu sein; bei Frauen, welche viel Werth auf schöne Körperform legen (und das thuen die meisten), kommt noch ein ziemlich dickes steifes Unterleibchen (*koetang*) dazu. Diese lose luftige Tracht ist für das heiße Klima und besonders bei häuslichen Arbeiten sehr passend; sie ist eine Nachahmung der inländischen Tracht und wird schon seit langer Zeit von dort ansässigen europäischen Frauen in Indien getragen. Gleichwohl soll dies nicht übertrieben werden, wie es nur allzu oft geschieht. Für Farbige, die nicht in die Nothwendigkeit kommen, sich auch einmal anders kleiden zu müssen, ist diese Mahnung überflüssig, für europäische Frauen nicht: sie verwöhnen sich oft dadurch, daß sie auch Nachmittags und Abends in Sarong und Jacke (*kabaia*) umhergehen und fühlen sich dann belästigt, unbehaglich, beengt beim Athenholen u. s. w., wenn sie wieder einmal europäische Kleidung anlegen müssen. Die größere Zahl von Kleidern, die hierzu gehört, giebt ohnehin Anlaß zu mehr Wärmeentwicklung und wenn man mehrere Frauen z. B. in einer Abendgesellschaft zusammen sieht, ist es nicht schwer zu constatiren, wer von ihnen gewöhnt ist, sich Abends europäisch zu kleiden und wer nicht; die letzteren erkennt man gleich an der lebhafteren Gesichtsfarbe und der stärkeren Transpiration. Wenn Frauen nun einmal so verwöhnt oder kränklich sind, dann sollten sie jedenfalls für abendliche oder nächtliche Ausgänge *kabaia*'s von einem dickeren, wärmeren Stoff tragen.

Vortrefflich und durchaus zweckentsprechend ist die Kleidung europäischer Kinder; Neugeborene bekommen eine Leibbinde von doppeltem Kattun (*goerita* oder *ambet)*, die hinten mit Bändern gebunden wird, zwei, später nur eine kattunene Windel, welche einfach umgeschlagen und mit einem breiten Bande an einem Jäckchen befestigt wird; die *goerita* wird bei europäischen Kindern bis ungefähr zum siebenten oder achten Monat gebraucht. Etwas größere Kinder tragen meist nur den schon besprochenen *oto* (Seite 35), noch größere ein Leibchen und eine Hose mit Knöpfen an einander befestigt, fast Alle gehen barfuß und tragen Strümpfe und Schuhe nur bei besonderen Gelegenheiten.

Die militärische Kleidung ist unpractisch, was schon aus der Thatsache erhellt, daß die gewöhnliche Uniform sowohl von Offizieren als Soldaten auf Expeditionen stets geändert wird; man wählt dann eine ziemlich weite wollene Jacke in der Form eines Attila mit einer Reihe Knöpfe und Taschen mit Klappen darüber versehen, einen Strohhut und leinene Schuhe; einzelne halten viel von Gamaschen. Die Kleidung, die der Soldat sich jetzt aus den Magazinen beschaffen muß, hat bezüglich der Oberkleider besonders den Nachtheil, daß sie neu stark abfärbt, so daß Hände und Gesicht dadurch blau gefärbt werden; sitzen thut sie fast nie und der dünne kattunene Stoff hängt in allen möglichen, nur nicht in künstlerischen Falten um Körper und Beine. Die Farbe ist ungefähr dieselbe, wie die der Kleidung von zur Zwangsarbeit verurtheilten Inländern, was nicht gerade schmeichelhaft ist. Die Kopfbedeckung, eine Art Käppi, ist viel zu schwer und schützt weder vor Sonne noch Regen, auch das Schuhwerk ist selten passend. Es ist in dieser Beziehung viel zu verbessern und viele Versuche mit andern Kopfbedeckungen, wollenen Hemden (à la Garibaldi), Leibbinden, Nackenschleiern (couvre-nuque) und Anderm wurden schon ohne endgültiges Resultat gemacht. Den Soldaten wird noch ein Ueberrock von dickem graubraunem Stoff geliefert, der wasserdicht genug und auch sonst brauchbar ist. Offiziere haben eine größere Freiheit in ihrer Kleidung. Neuerdings wird beabsichtigt, die ganze Armee mit sehr kleinen Abweichungen für die verschiedenen Waffengattungen dieselbe Kleidung tragen zu lassen.

Wir kommen zu dem Resultat, daß für Europäer die beste Kleidung in flanellenen Unter- und kattunenen Oberkleidern, in einem helmartigen Hut und leinenen durch Lederstreifen verstärkten Schuhen besteht. Für Frauen sind hellfarbige weite peignoirs im Schnitt unserer Pudermäntel sehr empfehlenswerth; die jetzt fast gar nicht mehr gebräuchlichen Samaars*) waren sehr practisch und in sanitärer Beziehung ausgezeichnet. Noch ist zu erwähnen, daß jeder der zu Unterleibsleiden neigt, stets eine Leibbinde tragen und Frauen unter solchen Umständen das Tragen eines Beinkleides empfohlen werden muß.

*) Samaar ist kein indisches, sondern alt-holländisches, jetzt ganz aus der Mode gekommenes Kleidungsstück und zwar der Form nach ein langes, weites Kleid.

Baden und Reinlichkeitspflege.

Wenn in den letzten Jahren einzelne Stimmen (u. A. von Hebra) sich dahin äußerten, daß die Hautkultur, also besonders öfteres Waschen und Baden, eher Nach- als Vortheil bringe, so hat doch die Erfahrung von Hunderten von Jahren gelehrt, daß die Reinigung und Pflege der Haut durch Bäder in heißen Klimaten zur Erhaltung der Gesundheit durchaus nöthig ist. Zwar giebt es auch Menschen, die sich nie baden, weil sie es überhaupt nicht vertragen können und die sich deshalb auf einfache Waschungen beschränken, doch ändern diese vereinzelten Ausnahmen nichts an der allgemeinen Regel. Wir haben schon früher auf die vermehrte Hautthätigkeit im warmen Klima hingewiesen und es läßt sich begreifen, daß die Sorge für ein Organ von so hoher Bedeutung wie die Haut es ist, als höchst wichtig angesehen werden muß. Erinnert man sich hierbei der von der Physiologie für die Schweißdrüsen angegebenen Zahlen, welche ungefähr 2800 auf den Quadratzoll oder nicht weniger als 7 Millionen für einen Mann von mittlerer Größe betragen, während die Gesammtlänge aller Schweißdrüsen eines Menschen auf zusammen ungefähr 28 Meilen geschätzt wird, dann tritt die Nothwendigkeit einer besonderen Sorgfalt für diese wichtigen Organe sicherlich hervor.

Bekanntermaßen verbreitet der Schweiß oft einen besondern, eigenartigen Geruch, der für verschiedene Individuen, sogar für verschiedene Familien ein anderer ist, ja wodurch sich einzelne Menschenrassen von andern unterscheiden. Im Allgemeinen riecht der dunkelfarbige Mensch stärker als der mit hellerer Hautfarbe und zeigt sich der eigenthümliche nicht angenehme Geruch nach Butter- und anderen Säuren beim Ersteren über den ganzen Körper verbreitet, beim Letzteren mehr lokal an bestimmten stärker schwitzenden Stellen. Man kann sich sogar verschiedene Abstufungen von Gerüchen aufstellen, die ziemlich in dem Verhältniß zu- oder abnehmen, als die Hautfarbe dunkler oder heller ist. Derselbe Unterschied besteht auch in Bezug auf die fettige Hautabsonderung, die gleichfalls bei Dunkelfarbigen stärker und Ursache ist, daß die Haut je nach dem Grade ihrer Färbung mehr oder weniger glänzend erscheint.

Das in Batavia zum Baden gebrauchte Wasser hat eine mittlere Temperatur von 26—27 ° C. Für Europäer ist die gebräuchlichste

Art das Schöpfbad, Sturz- und Vollbäder werden wenigstens in den größeren Städten mehr als Luxus betrachtet, da das Füllen der dazu nöthigen Behälter mühsamer ist und also mehr kostet, als Schöpfbäder. In Gebirgsgegenden wird wohl auch von Sturzbädern durch das Einschalten eines hohlen Bambu in den Lauf eines Baches Gebrauch gemacht; man muß aber daran gewöhnt sein, um sie angenehm zu finden, obgleich manche ihnen den Vorzug geben, da die Abkühlung für das subjective Gefühl beim Sturzbade größer ist, als beim Vollbade.

Wenn Europäer durch einen tropischen Platzregen von einiger Dauer stark durchnäßt wurden, so stellen sich gewöhnlich nachtheilige Folgen, heftige katarrhalische und rheumatische Erkrankungen, zuweilen sogar schwere Affectionen des Gehirns und Rückenmarks ein. Für Eingeborene hat dies weiter keine schlimme Folgen, sie belustigen sich sogar damit, besonders die Kinder, nackt in dem stärksten Regen herumzulaufen.

Wie gesagt, werden an den Küstenplätzen gewöhnliche Schöpfbäder genommen und zwar von Männern in der Regel ganz nackt, von Frauen nur mit dem Sarong bekleidet. Das kalte Wasser wird mit einem Schöpfgefäß von Blech, Zink oder Cocosschale verfertigt, über den Körper geworfen; länger als eine Viertelstunde darf dies nicht ausgedehnt werden. Bei einem längeren Verbleib in Indien wirkt der Gebrauch von Schöpfbädern häufig unangenehm, indem manche, obgleich jahrelang gewöhnt, sich täglich zweimal in dieser Weise baden, mit einem Male sich dabei fieberhaft und unwohl fühlen. In solchen Fällen werden Vollbäder dann besser vertragen.

Inländer und die meisten Chinesen betrachten das Baden nur als ein Mittel zur Abkühlung und nicht zur Reinigung; fühlen sie sich warm, so gehen sie an den Fluß oder an den Brunnen und gebrauchen dabei weder Seife, noch trocknen sie sich ab. Dagegen ist die Vorschrift, sich nach dem Baden und zwar am besten mit mit einem groben Handtuch stark abzureiben, für europäische Verhältnisse am Platze; in Indien dagegen kaum, da das Wasser dort rasch genug verdunstet. Eine eigentliche Körperreinigung nehmen Inländer und Chinesen also nicht vor, auch Europäer baden wohl manchmal nur zur Erfrischung, betrachten es aber in der Regel als eine Methode, um sich vermittelst Seife und starker Abreibungen von den der Haut anklebenden Fetttheilen und Unreinigkeiten zu säubern.

Sie baden meist zweimal am Tage, Männer gewöhnlich Morgens früh gleich nach dem Aufstehen und Nachmittags gegen fünf und sechs Uhr nach der Rückkehr von den Geschäften, Frauen etwas später gegen zehn oder elf Uhr nach Beendigung der Hausarbeit und dann Nachmittags. Es erscheint nicht zweckmäßig, unmittelbar nach Verlassen des Betts zu baden; denn wenn auch die Gewohnheit, sich im Bett zuzudecken, nicht allgemein besteht, so empfindet man doch beim Verlassen des Betts ein Gefühl höherer Körpertemperatur und könnte dabei eine plötzliche Abkühlung durch ein Bad der Gesundheit schaden. Die Gewohnheit Einzelner, öfter als zweimal am Tage und auch unmittelbar vor dem Zubettgehen zu baden, verdient wegen der allzu häufig wechselnden Temperatureinflüsse auf die Haut keine Empfehlung; dagegen hält das Baden unmittelbar nach dem Essen in Indien kein Mensch für schädlich.

Werden allgemeine Bäder nicht gut vertragen, so treten an deren Stelle Waschungen mit Seifenwasser oder durch verschiedene ätherische Substanzen und wohlriechende Blumen parfümirtem Wasser. Die beste Seife ist die in Indien selbst aus Cocosöl bereitete, bei Kindern und bei Leuten, die durch ihren Beruf leicht Beschmutzung ausgesetzt sind, ist Theerseife vielfach in Gebrauch.

Zum Reinigen des Haupthaares wird sehr allgemein von einer leichten Pottaschelösung Gebrauch gemacht, es heißt dies *kramas* und ist eine meist nur mit Hülfe einer zweiten Person ausführbare Procedur. Die Lösung selbst wird aus der Asche verbrannter Reisstengel hergestellt und nach 24stündigem Stehen durch ein Tuch filtrirt. Ist das Haar und der Haarboden gründlich damit gewaschen, so wird mit reinem Wasser abgespült und schließlich noch eine Waschung mit citronensafthaltigem Wasser vorgenommen, um das noch vorhandene Alkali zu entfernen. Das Citronenwasser wird häufig mit starkriechenden Blüthen parfümirt. Besonders eingeborene und halbinländische Frauen machen hierauf das Haar meist mit frischem Cocosöl wieder geschmeidig. Diese Kopfreinigung dauert ziemlich lange und wird meist im Badezimmer bei halbentblößtem Körper vorgenommen.

Alle Europäer und viele Eingeborene, besonders Vornehme, haben die Gewohnheit angenommen, bei Tisch vor jeden Gast ein Glas oder eine Schüssel mit Wasser zur Reinigung der Hände zu setzen. Auch hier wird häufig das Wasser durch Einlegen von Blättern wohlriechend gemacht. Eine außerordentlich nützliche Sitte ferner ist von den Europäern den Inländern entlehnt worden, nämlich der Gebrauch kalten Wassers zur Reinigung nach Befriedigung der natürlichen Bedürfnisse. Zu dem Zweck finden sich stets auf dem Aborte mit Wasser gefüllte Flaschen, manchmal auch sogenannte Bidets; diese Reinigungsmethode ist bei den Niederländern in Indien fast allgemein, während die möglichst an ihren heimathlichen Gewohnheiten festhaltenden Engländer auch hierbei der europäischen Art der Reinigung mittelst Papier treu bleiben. Die oben bezeichnete Methode hat übrigens ohne Zweifel große Vorzüge, abtrocknen ist dabei nicht nöthig, weil die hohe Lufttemperatur rasch für Verdunstung der Feuchtigkeit sorgt.

Die Eingeborenen baden ohne Nachtheil ihre Kinder schon am zweiten oder dritten Tage nach der Geburt in gewöhnlichem kalten Wasser von ungefähr 26° C., während die Europäer in den ersten 3 bis 4 Wochen zu diesem Zwecke nur lauwarme Bäder nehmen und die Kinder dann allmählich an kühlere Temperatur des Badewassers gewöhnen; nach dem zweiten Lebensjahre kann man dann mit Schöpfbädern zweimal täglich beginnen.

Eine Folge der stärkeren Hautthätigkeit ist das schnellere Wachsthum von Haaren und Nägeln, sodaß beide in kürzeren Zwischenräumen als in Europa geschnitten werden müssen; außer der Beobachtung, die jeder an sich selbst darüber machen kann, bestätigen dies auch Friseure, die ihre Kunst früher schon in Europa betrieben hatten und deshalb Vergleiche anzustellen in der Lage sind.

Es besteht in Indien sehr wenig Gelegenheit zum Gebrauche von Seebädern, nur einige abgelegene Plätze sind dazu geeignet, es fehlt vor allen Dingen der dabei erwünschte Wellenschlag. Nur zu Makassar ist ein Wellenschlag einigermaßen vorhanden, es werden daselbst deshalb auch Seebäder genommen, um so mehr als dort kein Fluß in die See ausmündet und deshalb Krokodile seltener sind. Als ärztliche Verordnung werden Seebäder überhaupt nicht gebraucht.

Niederländisch-Indien ist sehr reich an Mineralquellen, über welche in einem Beiblatt der Zeitschrift des Vereins für Erdkunde zu Amsterdam von Dr. Fr. Schneider eine Uebersicht gegeben ist; er unterscheidet zwei Hauptarten: warme Mineralquellen und kalte Sauerwässer. Es sind im Ganzen 193 warme Quellen bekannt, wovon auf Java 93, auf Celebes 67 und auf den übrigen Inseln 33 vorhanden sind. Unter diesen Thermen finden sich solche, die der Zusammensetzung nach denen in Warmbrunn in Schlesien, Teplitz und Karlsbad in Böhmen einigermaßen gleichen, Schwefelquellen sind viel darunter vertreten, doch sind nur wenige derselben bis jetzt und dann auch nur in primitiver Weise für Heilzwecke verwerthet.

Eine Quelle von Bedeutung ist Pablengan bei Kali-oelà, deren Wasser von Europäern an Stelle von Selterwasser getrunken, und von Inländern zur Bereitung einer Art Reiskuchen gebraucht wird.

Außerdem werden aus Europa alle Arten von Mineralwässern nach Indien eingeführt und bei denselben Krankheiten wie in Europa gebraucht. Der heilsame Effect der Reise nach und des Aufenthaltes in den Curorten selbst kommt hierbei natürlich in Wegfall, abgesehen davon, daß auch sehr viele Flaschen verdorben ankommen.

Inländische Schönheitsmittel.

Die Eingeborenen halten besonders viel von Riechmitteln, welche fast alle aus dem Pflanzenreiche und nur einzelne z. B. Zibeth aus dem Thierreiche genommen werden. An wohlriechenden Pflanzen ist Indien ungemein reich, doch ist deren Geruch zum Theil so stark, daß er geradezu betäubend wirkt und Kopfschmerz verursacht.

Sehr allgemein, auch bei Mischlingen und manchen Europäern, ist der Brauch, frische oder getrocknete Pflanzentheile zwischen die Kleidungsstücke zu legen, die dadurch einen Geruch bekommen, der eigentlich nur für inländische oder halbinländische Nasen angenehm sein kann; das gleiche gilt von der Sitte, die Kleider in den durch Verbrennen von Wurzeln und Holz oder auch von Tabakblättern erzeugten Rauch zu hängen. Den Körper selbst reiben die Eingeborenen gleichfalls mit wohlriechenden Stoffen ein, und besonders die Frauen lieben es sehr, nach dem Bade hierzu ein feines pflanzliches Pulver oder eine Mischung von fetten mit ätherischen Oelen zu verwenden. Solche Oele werden auch als Haaröle verwendet, wobei sich das leicht ranzig werdende Cocosöl bald durch den Geruch bemerkbar macht.

Als Puder für Gesicht, Hals und fast den ganzen Körper ist *bedak* in Gebrauch; es ist dies nichts anders, als feines Reismehl, dargestellt aus ausgegohrenem Reis, welches Gähren bewirkt wird durch fortwährendes Wasseraufgießen und Abgießen desselben, so lange es noch sauer wird. Das Pulver wird vielfach parfümirt, indem man Blumen, Wurzeln 2c. hineinlegt. Europäer, besonders Frauen und Kinder, wenden es viel an, doch nimmt der Teint nach dessen Gebrauch eine häßliche, schmutzige Farbe an. Der Javane bedient sich außerdem verschiedener Salben zu Einreibungen der Haut, speciell werden bei feierlichen Gelegenheiten der dann unbekleidete Oberkörper und die Arme mit einer meist durch Curcuma gelb gefärbten Salbe aus Pflanzenfetten eingeschmiert. Häufig werden auch die Salben wohlriechend gemacht, wohlriechend nämlich im Sinne des Eingeborenen. Die Salben sind ziemlich fest, klebrig und geben beim Vertrocknen ein unangenehmes Gefühl auf der Haut; darum wird vornehmen Frauen erlaubt, im Brautkleide, wobei Arme und Schulter auch blos sind, sich an Stelle von Salbe mit dem ausgepreßten Saft von wohlriechenden Blättern einzureiben, welcher gleichzeitig der Haut eine leicht blonde Färbung giebt.

Es wurde bereits angeführt (Seite 39), daß die Zähne schon durch das Kauen von Sirih eine schwarze Färbung bekommen, doch werden auch noch andere Mittel angewendet, welche den Zähnen die so erwünschte schwarze Farbe geben und deshalb im Sinne des Eingeborenen zu den Schönheitsmitteln gerechnet werden müssen. Der Javane findet nämlich den durch das Kauen von Sirih roth gefärbten Mund mit den schwarzen Zähnen so schön, daß er den Mund seiner Liebsten mit einem durch die Reife geborstenen Granatapfel vergleicht. Als Mittel zur Schwarzfärbung der Zähne kommen in Betracht: das Essen unreifer Granatäpfel, wozu Cocosnußwasser *(klapperwater)* getrunken wird und eine Anzahl verschiedener Pflanzensäfte, auf welche man meist Eisen eine Zeitlang hat einwirken lassen. Als Zahnpulver wird die zu Kohle verbrannte Schale der Betelnuß gebraucht.

Die chinesischen Frauen halten viel davon, sich schwarze, hoch über die Stirn gehende, halbkreisförmige Augenbrauen zu malen, während die eigentlichen Augenbrauen wegrasirt werden. Außerdem färben sie die Ränder der Augenlider schwarz, die Wangen weiß oder roth u. s. w.; zur Beförderung des Haarwuchses gebrauchen sie das Fett vom Scheitel des Pferdes.

Die Araber färben Augenwimpern und Augenbrauen schwarz mit einem Antimonium-Präparat und halten sehr viel von Rosenöl als Parfum.

Viele Eingeborene färben die Nägel roth mit einem Gemisch von Oelen und dem Saft von Lawsonia alba.

Zur Beförderung des Wachsthums der Kinder, des Haarwuchses, der Zartheit der Haut, der Entwickelung der weiblichen Körperformen, der Kraftentwickelung, des Glanzes der Augen, in einem Worte zur Erzeugung der Schönheit im Allgemeinen werden von Eingeborenen wie auch von chinesischen und europäischen Mischlingen verschiedene Tränke und Einreibungen angewendet, die den allgemeinen Namen *djamoe* tragen. Sie bestehen aus sehr verschiedenen in der Regel ganz harmlosen Abkochungen und Aufgüssen von Kräutern, zuweilen auch aus dem ausgepreßten Saft von Stielen, Blättern und gestoßenen Wurzeln; z. B. sollen Einreibungen mit pulverisirter Ingwerwurzel eine schöne Haut verleihen.

Nahrungsmittel.

Allgemeines.

An den größeren an der See gelegenen Plätzen ist die Auswahl der Lebensmittel sehr leicht gemacht; wünscht man hier eine mit der im Mutterlande üblichen übereinstimmende Ernährungsweise zu befolgen, so ist es nicht schwer, dies zu bewerkstelligen; noch bequemer ist es natürlich, einfach nur inländische Gerichte zu genießen. Im Binnenlande ist die Sache schon schwieriger und man ist dann genöthigt, sich besonders an die Erzeugnisse des Landes zu halten, ergänzt durch Lebensmittel, die sich in Vorrath halten lassen. Eine germanische Hausfrau würde gewaltig staunen, wenn sie sich einmal in die Vorrathskammer eines besseren europäischen Haushaltes im Binnenlande versetzt sähe; die großen Entfernungen, oft auch die Schwierigkeit der Anfuhr auf den schlechten Wegen machen nämlich das Vorräthighalten von großen Quantitäten nothwendig und die Vorrathskammer bekommt dadurch etwas den Charakter eines wohlgefüllten Kaufladens.

In Folge der großen Wärme und der feuchten Luft verderben Lebensmittel, die nicht auf irgend welche Weise davor geschützt sind, sehr rasch; Fleisch und Fisch halten sich an niedriger gelegenen Orten nicht länger als höchstens 2 Mal 24 Stunden, fette Fleischspeisen, zumal Geflügel, werden sehr rasch ranzig, stärkemehlhaltige mit Milch bereitete Speisen werden in 24 Stunden sauer, alle Essig enthaltenden Eßwaaren bekommen nach mehrtägiger Berührung mit der Luft eine Schimmeldecke. Im Allgemeinen ist es gut, Schüsseln mit Speisen zur Aufbewahrung in ein Gefäß mit Wasser zu setzen, damit die vielfach vorkommenden Ameisen nicht darüber gerathen; aus 'demselben Grunde setzt man unter die Füße der Eßschränke auch Blechgefäße mit Wasser oder steinerne Gefäße mit einer Erhöhung in der Mitte, auf welcher die Füße trocken stehen, aber von einem kleinen Wasserring umgeben sind; schließlich werden auch mit Gaze ausgekleidete Fliegenkästen zur Aufbewahrung von Speisen an Stricken aufgehängt, doch mehr zum Schutz gegen Ameisen, als gegen Fliegen, die nicht so häufig vorkommen. Eisschränke bewähren sich sehr zur Conservirung.

Die allgemeinen Gesetze der Ernährungslehre treffen für Indien ebenso wie für Europa zu und brauchen hier nicht weiter besprochen zu werden. Wohl verdient Erwähnung, daß der Aufenthalt in der heißen Zone zwar eine geringere Aufnahme von Fett verlangt, als der in kälteren Gegenden, aber thierische Nahrungsmittel sind in beiden Klimaten gleich nothwendig und es kann auch das Fett, wenn auch in geringerer Menge erforderlich, doch nicht ganz entbehrt werden.

Da der Europäer in Indien meist bessere Einkünfte hat, als in seinem Vaterlande, so ist er, und besonders gilt dies von den ärmeren Klassen, im Stande, sich relativ besser zu nähren. Bedenkt man, daß für Erwärmung überhaupt keine Ausgaben nöthig sind und für Kleidung weniger, als in Europa, daß man außerdem nöthigenfalls mit einer Bambuhütte als Wohnung sich behelfen kann, so ist es klar, daß auf Ernährung mehr als in Europa verwendet werden kann. Eigentliche Hungerleider giebt es bei den Europäern in Indien so gut wie gar nicht, unzweckmäßige und ungenügende Nahrung findet man eigentlich vielmehr bei den höhern als bei den niedern Ständen, da die Letzteren weniger Ausgaben an Mode- und Luxusartikeln und gar keine Auslagen für Standes-Repräsentation haben. Beklagenswerth ist, daß der Ernährung meist so wenig Aufmerksamkeit gezollt wird, während doch eine gute und zweckmäßige Kost im heißen Klima für nicht Eingeborene eine Lebensfrage ist, insofern als die Verdauungsorgane hier ja ohnehin zu den schwachen Punkten gehören und die ergiebige Bluterneuerung bei andauernd hoher Temperatur wohl einen noch wichtigeren Factor ausmacht, als in kühleren Landstrichen.

Die Frage, ob die Ernährungsweise der Ausländer nach der der Eingeborenen abgeändert werden müsse oder ob jene besser ihre frühere heimathliche Lebensweise beibehalten, wird verschieden beantwortet; van der Burg ist der Meinung, daß auch hier die goldene Mittelstraße vorzuziehen sei und ist hierzu durch sorgsame Beobachtung der wirklichen Verhältnisse gelangt. Schon von vornherein ist es erklärlich, daß ein plötzlicher Wechsel in der Lebensweise körperliche Störungen herbeiführen muß. Wer in seiner Heimath an Fleischnahrung gewöhnt war und plötzlich zum ausschließlichen Genuß von Reis mit spanischem Pfeffer und getrocknetem Fisch übergeht, dazu noch ungewohnte Fruchtarten genießt, muß Nachtheile davon empfinden. Die Chinesen, die in vieler Beziehung als Muster vortrefflicher Auswanderer gelten können, bleiben zum größten Theile ihren alten Gewohnheiten treu und vereinigen sie mit einzelnen der Eingeborenen; dasselbe thun auch die meisten Europäer, besonders die Niederländer; dagegen bleiben die Engländer und auch viele Franzosen mehr bei ihrer alten heimathlichen Lebensweise und besonders die Letzteren nicht immer mit guten Folgen. Die Engländer haben meist eine sehr starke Constitution und scheinen es besser zu ertragen, dagegen ist die soupe maigre mit indischem Brod und eau rougée, die Hauptnahrung vieler Franzosen, eine sehr wenig genügende Combination.

Während wir uns vorbehalten, später auf die Vertheilung der Mahlzeiten zurückzukommen, ist hier der Ort, zu erwähnen, daß zuweilen besonders schon im fortgeschrittenen Lebensalter ankommende Niederländer eine Abneigung gegen indische Lebensweise an den Tag legen und nach heimathlicher Sitte weiter zu leben versuchen, indem sie um 7 Uhr Morgens ein einfaches Frühstück mit Brod, Käse und Thee, um 12 Uhr Kaffe mit Brod und um 7 Uhr Abends eine europäische Mahlzeit genießen. Sehr bald sind sie genöthigt, diesen Brauch fahren zu lassen, da sie bemerken, daß er den Verhältnissen des Klimas nicht Rechnung trägt. Man könnte behaupten, daß das heiße Klima eine geringere Quantität thierischer Nahrungsstoffe erfordere und dafür theoretische Gründe anführen, doch zeigt die allgemeine bei Europäern sich entwickelnde Blutarmuth thatsächlich das Unrichtige dieser Theorie. Hat man dieser falschen Anschauung eine Zeit lang zu seinem Schaden gehuldigt, so versucht man mit größter Mühe durch kräftigende Nahrung, besonders durch den Genuß von animalischen Substanzen, Fleisch, Eiern, Milch, Bouillon den einmal begangenen Fehlgriff wieder gut zu machen. Wenn also thierische Nahrungsstoffe auch im heißen Klima dringend nöthig sind, so bedarf es doch hier nicht so viel des Fetts, wie in kühleren Gegenden; allerdings befinden sich die Chinesen trotz des Genusses sehr vieler fetter Speisen auch wohl dabei. Nach den Betrachtungen van Leent's über *Beriberi* (Seite 40) soll diese Krankheit sogar gerade die Folge von Fettmangel in der Nahrung der Inländer sein.

Im Nachstehenden werden diejenigen Nahrungsmittel besprochen, welche in Europa entweder gar nicht oder in einer andern Form der Zubereitung genossen werden.

Nahrungsmittel thierischen Ursprungs.

Von den Fleischarten ist die wichtigste, besonders als Nahrungsmittel für Europäer, das Rindfleisch, welches meist von Madura stammt, wo Sumanap der Hauptplatz für Viehzucht ist. Ferner werden auf verschiedenen Stellen dem Zebu ähnliche Rinder gezüchtet, deren Höcker als Leckerbissen gilt. Neu Angekommene finden das Rindfleisch meist matt von Geschmack und liegt dies ebenso sehr an der ganz verschiedenen Fütterung des Thieres, wie sicherlich auch an der geringen Sorgfalt, die man dem lebenden und dem geschlachteten Rinde zu Theil werden läßt. Es giebt zwar viele Schlächtereien, aber keine geübten Schlächter und die richtige Vertheilung des Fleisches kommt doch für den Geschmack auch in Frage; als Beefsteak z. B. werden allerlei verschiedene nur nicht gerade die besten Stücke verkauft. Das Fleisch gewisser Rinderarten hat einen süßlichen Geschmack und riecht etwas nach Moschus, ist deshalb auch geringwerthig und wird nicht gerne gegessen. Das Fleisch wilder Rinder (Bos Sondaicus) ist selten zu bekommen. Kalbfleisch ist so gut wie gar nicht zu haben, in ganz vereinzelten Fällen mästet wohl ein Viehbesitzer für sich selbst ein Kalb und giebt dann an Freunde Stücke davon als Geschenk ab, doch ist es im Handel nicht zu bekommen. Unter andern Rinderarten ist der Büffel die wichtigste, das Fleisch wird sehr viel gegessen und ist, wenn es von jungen Thieren, die noch ncht zur Feldarbeit oder als Zugvieh überhaupt benutzt worden sind, abstammt, sehr schmackhaft. Eingeborene essen wohl auch Büffelfleisch, aber nach einem wahrscheinlich von den Hindus kommenden Aberglauben niemals das Fleisch sogenannter weißer Büffel. Das Schlachten und Verzehren eines Büffels spielt bei allen inländischen Festmahlen eine große Rolle. Das Fleisch alter Thiere hat matten, süßlichen Geschmack, der auch der Bouillon aus Büffelfleisch eigen ist und dasselbe für diese Zubereitung wenig geeignet macht. Die Chinesen essen nie Büffelfleisch. Aus den innern Schichten der Büffelhaut werden länglich viereckige Stückchen herausgeschnitten und nach einer nicht immer derselben Zubereitung getrocknet. Sie bilden dann das sogenante *kroepoek karbo*, welches besonders in Mittel-Java sehr viel in Oel oder Butter gebacken zum Reis genossen wird. Auch die Rindszunge wird geräuchert und getrocknet gern gegessen.

Schöpsenfleisch ist weniger fett als in Europa, aber sehr schmackhaft und wird bei dem Zunehmen der englischen Bevölkerung mehr als früher gebraucht. Eingeborene essen es auch wohl, aber weniger als Ziegenfleisch.

Das Fleisch vom Hirsch ist selten in den Hauptstädten zu haben,

Jagdliebhaber verschaffen es sich selbst. Von Hasen kommt auf Java eine Art wild vor und wird lebend wohl auch unter dem etwas übereilten Namen „Hasenpfeffer“ verkauft; es ist dies letztere die einzige Form, in der er gegessen wird und auch dann ist er noch nicht mit europäischen Arten an Güte zu vergleichen. Kaninchen sind aus Europa eingeführt und fast ohne Ausnahme weiß, kommen aber als Nahrungsmittel fast nicht in Betracht.

Schweinefleisch wird viel gebraucht. Die Chinesen ebenso wie die meisten nicht mohammedanischen Eingeborenen sind große Liebhaber davon und züchten auch Schweine; diese haben in Indien meist eine ganz schwarze oder schwarzbraune Farbe mit einem schief von der Schnauze nach dem Halse zu verlaufenden weißen Streifen. Zuweilen wird auf wilde Schweine Jagd gemacht, die ein ausgezeichnetes Fleisch liefern. Das Schweinefleisch ist viel weniger fett als in Europa, hat eine weiße Farbe und gleicht auch im Geschmack viel dem des Kalbes. Zum Reisgericht werden kleine viereckige Stückchen Schweinefleisch, an einem Hölzchen aufgereiht und geröstet (*sesaté*, die auch von andern Fleisch gemacht wird), genossen. Die Chinesen bereiten daraus außer Bouillon noch ein sehr gesuchtes Gericht, nämlich *bah-mi*, dessen Bestandtheile außer Schweinefleisch und Fett, Austern, Garneelen, Bouillon, aus Mehl bereitete Nudeln, verschiedene Kräuter und eine Art von Champignons sind. Es ist ein schwer verdauliches Gericht, das gleichwohl auch von Europäern gerne genossen wird.

Pferdefleisch wird in der letzten Zeit in Mittel-Java auch wohl von Eingeborenen gegessen. Hundefleisch essen die Ke-Chinesen zuzuweilen, sie sind besonders erpicht auf junge, am liebsten schwarze Hunde, die mit Zwiebeln, Kartoffeln, Soja und einigen anderen Ingredienzen zu einer Art Ragoût verarbeitet werden. Auch die Battaken essen Hundefleisch. Katzen und Ratten werden von den Chinesen in Indien nicht, wie in China selbst gegessen. Selten kommt auch das sehr schmackhafte Fleisch der fliegenden Hunde auf den Tisch. Auf Neu-Guinea ißt man auch einzelne Beutelthiere.

Sehr häufig verwendet man Fleisch, welches auf die eine oder andere Weise conservirt wird, als Rauchfleisch, Schinken, Wurst, Wurst in Flaschen mit Salz verpackt, rohen Speck in Blechbüchsen und ebenso auch zubereitetes in Fett eingelegtes Fleisch in Blechbüchsen. Im Allgemeinen ändern die Fleischconserven durch das Verpacken und Aufbewahren in Blechbüchsen ihre spezifische Eigenschaft, frisch bereitete Büchsen behalten wohl oft den ursprünglichen, aber die meisten der älteren Conserven nehmen alle einen gleichen, wenn auch nicht unangenehmen Geschmack an. Die frischesten und besten Büchsen kommen aus Australien, die Schöpsenzungen z. B. halten sich sehr gut, doch ist nicht zu verkennen, daß überhaupt so präparirtes Fleisch auf die Dauer widersteht und sich deshalb nicht für den täglichen Gebrauch eignet. Es mag dies der Eintönigkeit im Geschmack zugeschrieben werden, ebenso wie auch die nach längerem Gebrauche auftretende Verdauungsstörung. In Australien wird das Fleisch ungekocht in die Büchsen gethan, diese dann mit Bouillon oder Wasser vollgefüllt und zugelöthet und endlich in Salzwasser über 100° C. gekocht; der Inhalt der Büchsen umfaßt also alle Nährbestandtheile des Fleisches. Conserven von feinem Geflügel u. s. w. kommen natürlich nur für Reichere in Betracht. Man kann ruhig behaupten, daß in Indien mehr allgemeiner Gebrauch von Delicatessen gemacht wird, als in Europa; Sardinen, Gänseleberpastete, Anchovis, Häring u. dergl. kommen ziemlich oft auf den Tisch. Außerdem ist auch der Fleischextract von Liebig und der Bouillonextract von Nieuwenhuyzen in Gebrauch, der Letztere ist in jeder Beziehung zu empfehlen.

Eine inländische Art der Conservirung von Fleisch ist die Bereitung von *deng-deng*; man nimmt hierzu alle Fleischsorten, doch ist Hirschfleisch hierzu besonders beliebt, dasselbe wird in platte Stücke geschnitten und möglichst von Sehnen und Fett befreit; die Stücke werden dann an beiden Seiten mit Pfeffer und Salz, Tamarinden und *langkwas* (Alpinia galanga) eingerieben und in der Sonne getrocknet, wobei sorgfältig darauf geachtet wird, daß kein Regen darauf kommt, sie werden dann sehr hart und halten sich lange; zum Gebrauch röstet man sie entweder einfach oder backt sie in Oel und Butter und erhält so eine gute, angenehm schmeckende und anscheinend leicht verdauliche Speise; *deng-deng* hat den Vorzug, daß nur die äußersten Schichten völlig ausgetrocknet sind und dadurch das Innere alle Nährstoffe behaltende Fleisch gegen Fäulniß geschützt ist. In Transvaal nennt man ähnlich zubereitetes Fleisch *biltong*.

Die Milch nimmt man in Indien von verschiedenen Thieren, an Orten, wo Kühe gehalten werden, meist von diesen. In der Zusammensetzung unterscheidet sie sich nicht von der europäischen, doch hat sie für Leute mit feiner Zunge einen anderen Geschmack, sie ist etwas wässriger, besonders weniger süß und hat zuweilen einen leicht moschusartigen Beigeschmack. Büffelmilch wird nur höchst selten, die von Eselinnen gar nicht gefunden, weil es in Indien überhaupt keine Esel giebt. Die von Ziegen wird viel verwendet, weil diese Thiere sehr billig, leicht zu unterhalten sind und jeder Zeit gemolken werden können, so daß man stets frische Milch haben kann. Auch wird zuweilen die Milch des gewöhnlichen javanischen Pferdes getrunken und während Rinderpest-Epidemieen selbst zur Ernährung von Säuglingen gebraucht. Chinesische Kinder läßt man zuweilen durch Hunde säugen. An Orten, wo Milch überhaupt nicht oder nur schwer zu beschaffen ist, wird von der Schweizer condensirten Milch Gebrauch gemacht. Zur Verfälschung der verkäuflichen Milch wird gewöhnliches Wasser, meist aus einem Fluß oder einem Graben stammend, also viel Unreinigkeiten enthaltend, dann Cocosmilch (eine Emulsion von Cocosöl) oder Cocoswasser, seltener auch Zuckerwasser genommen.

Butter wird wohl auch in Indien hergestellt, ist dann aber weniger angenehm von Geschmack, als die aus dem Ausland eingeführte; auch die letztere ist besonders für Holländer gerade kein Leckerbissen, weil sie sich dafür viel zu sehr von der heimathlichen Butter unterscheidet; sie wird in Blechbüchsen verpackt oder auch in größeren Fäßchen, die geschlossen noch in ein zweites mit Salz gefülltes Faß hineingebracht werden. Flüssige Butter wird aus Persien eingeführt, aber nur von Armeniern gebraucht.

Käse wird in verschiedenen Sorten aus Europa bezogen.

Von den Geflügelarten werden die Hühner am meisten gegessen. Es giebt bei Europäern und Chinesen fast keine Mahlzeit ohne in der einen oder anderen Form zubereitetes Huhn. In vielen kleineren Orten sind Hühner, die übrigens etwas kleiner als europäische Hühner sind, fast die einzige Fleischkost und für einen Neuangekommenen ist es erstaunlich, was aus solch' einem Vogel alles gemacht wird. Auf der europäischen Tafel findet man denselben vom gewöhnlichen Brathähnchen an bis zum Hühnerbeefsteak, und für die inländische sogenannte Reistafel sind die Variationen der Zubereitung des Hühnerfleisches unzählbar. Wenn dieses auch im Allgemeinen ein gutes Nahrungsmittel ist, so kommen doch bei der Reistafel manche schwerverdauliche Zubereitungen davon vor, deren Aufzählung dieses Buch zum Kochbuch herabsetzen würde. Während in Europa Hühnerfleisch in der Regel als leichtverdaulich betrachtet werden kann, kommt es in Indien wesentlich darauf an, welcher Zubereitungsart dasselbe unterworfen wurde, um über seine Verdaulichkeit und seinen Nährwerth ein Urtheil zu haben. Ein Blick in ein indisches Kochbuch, das besonders über die beigemengten Bestandtheile Aufschluß giebt, wird am besten erkennen lassen, ob ein gewisses Gericht, besonders in Krankheitsfällen empfehlenswerth ist.

An dieser Stelle möge kurz darauf hingewiesen sein, daß in Bezug auf die Ernährung von Kranken die bizarresten, abergläubischsten Ideen bestehen, denen man aber nun einmal Rechnung tragen muß. Wenn z. B. Entzündung besteht, oder Geschwürsbildung eintritt, hält man allgemein Hühnerfleisch für nachtheilig, bei Hautkrankheiten soll das Essen von Fisch schädlich sein; bei Augenkrankheiten besonders Garneelen u. s. w. Nur eine langsam fortschreitende Bildung wird derartige Irrthümer beseitigen können, wobei auch die Verpflegungsweise in Hospitälern belehrend mitwirken wird, da dieselbe ja u. A. zeigt, daß Hühnerfleisch bei Entzündungszuständen nicht schadet. Wild lebende Hühner, Buschhühner, werden selten gegessen, geben aber ein Fleisch, welches von Kennern sogar als über dem der europäischen Rebhühner stehend gerühmt wird.

In zweiter Reihe sind unter den Vögeln die Enten als Nahrungsmittel zu erwähnen. Sie werden viel weniger gegessen als Hühner, von welchen Letzteren der mittlere Verbrauch unter Europäern und mit ihnen Gleichstehenden auf ein Huhn pro Tag und Kopf geschätzt werden kann. Zahme Enten werden ziemlich viel, besonders von Chinesen, gegessen und zwar sowohl die gewöhnliche, in Indien vorkommende Ente, auffällig durch ihren sehr aufrechten Gang, welcher dem der Pinguine ähnlich ist, als auch die sogenannte Manilla-Ente, die viel größer, aber nur als junges Thier schmackhaft ist; auch wilde Enten sind sehr beliebt.

Gänse werden ebenso wie Truthühner viel verzehrt, doch werden Letztere von vielen in Indien geborenen Frauen verschmäht, weil der Hautlappen vorne an der Brust an das Schwein erinnern soll, welches nach mohammedanischer Lehre als unrein gilt. Tauben, sowohl junge gewöhnliche, als auch Turturarten, sind bei Europäern ein gesuchtes Gericht. Außer etwa noch Schnepfen, die an Geschmack aber sehr einbüßen, weil sie gefangen und nicht geschossen werden, kommt anderes Geflügel selten auf den Tisch, höchstens wären noch Rebhühner und einige Vögel aus der großen Finkenfamilie zu erwähnen; im Binnenlande werden zuweilen auch Pfauen gejagt und

Reisende, u. A. A. B. Meyer, berichten, daß sie an entlegenen Orten oft lange Zeit nur Pfauenfleisch genossen hätten.

Man nimmt nur von Hühnern und Enten die Eier in Gebrauch; Enteneier bewahrt man zu Malang und auch anderwärts mit Salz zubereitet auf und genießt sie besonders bei der Reistafel. Die Zubereitung geschieht, indem man Asche oder zu Pulver gestoßenene Backsteine mit einer gleichen Quantität Salz vermischt, daraus mit Wasser eine teigige Masse bildet, die um das Ei herumgelegt und durch Einwickeln in ein großes Blatt darum festgehalten wird. Nach 10 Tagen oder länger sind die Eier fertig und haben äußerlich eine schwarze Farbe, die sich zuweilen auch den äußeren Eiweißschichten mittheilt. Es läßt sich nicht leugnen, daß sie oft einen weniger angenehmen Geschmack haben, der bald an verdorbene Eier erinnert, bald Aehnlichkeit mit Blumengeruch hat, den man bei Eiern nicht gerade wünscht, doch sind sie ein gutes Nahrungsmittel und können auf Expeditionen u. s. w. sehr nützlich sein. Auch Perlhühnereier werden gegessen, während Gänseeier in der Regel nur zum Backen gebraucht werden.

Auch beim Eiergenuß hat man den Aberglauben, daß er bei allen Unterleibserkrankungen und besonders bei Diarrhöe sehr schädlich sei, ein Vorurtheil, gegen welches man gerade wegen der Vorzüglichkeit von Eiweißgenuß bei den genannten Krankheiten vielfach ankämpfen muß.

Unter den sonstigen Producten aus dem Vogelreiche sind noch eßbare Vogelnester anzuführen, die von einer Schwalbenart herrühren. Besonders die Chinesen legen großen Werth auf die stärkende Eigenschaft dieser Nester, die übrigens, gar gekocht, eine schleimige Masse bilden, der man als Europäer nicht viel Geschmack abgewinnen wird. Schildkröten kommen hin und wieder bei Chinesen auf den Tisch, noch mehr aber lieben diese und auch manche Europäer die Schildkröteneier, die beim Kochen nicht vollständig gerinnen, eine dünne Schaale besitzen und überhaupt eine schlüpfrige Beschaffenheit haben. Diese Eier stammen von demselben Thiere, welches auch das im Handel vorkommende Schildpatt liefert und dessen Fleisch auch oft gegessen wird.

Chinesen, Inländer und manche Europäer essen gekochte und gebratene Frösche und eine vielfach vorkommende Krötenart; die Chinesen führen sich außerdem einzelne Schlangen- und Eidechsenarten zu Gemüthe.

Fische genießen alle Volksstämme in Indien reichlich, sie bilden den Hauptbestandtheil der animalischen Nahrung des Inländers und werden gewöhnlich in getrocknetem Zustande gegessen. Das Trocknen geschieht bei großen Fischen nach Entfernung der Eingeweide einfach durch Aufstellen in der Sonnenwärme, zuweilen nachdem sie erst mit Salz eingerieben sind, während kleine Fische stets ohne Salz und unausgenommen in den Sand gelegt und durch die Sonnenstrahlen getrocknet werden; sie halten sich auf diese Weise nicht länger als ungefähr drei Monate, werden aber schon früher matt von Geschmack. Die Zahl der eßbaren Fischarten ist sehr groß; Bleeker zählte deren für Batavia mehr als 380 Sorten auf. Im Allgemeinen ist Fisch auch im getrockneten Zustande ein gutes Nahrungsmittel. Gelpke schreibt dem Genuß von getrocknetem Fisch das Entstehen von Beri-beri (Seite 40) zu, doch haben seiner Ansicht die Erwiderungen von van der Elst und Wernich einen Stoß versetzt. Man sollte in der That auch meinen, daß Beri-beri dann viel häufiger vorkommen müßte, da ja fast alle Inländer getrockneten Fisch essen. Von nur einzelnen Fischsorten lehrt die Erfahrung, daß sie für Kranke schädlich, von andern, daß sie geradezu giftig sind, während außerdem behauptet wird, daß einzelnen Fischen vorsätzlich Gift beigebracht wird, da der Fang nicht immer vom Glück begleitet sein soll, wenn nicht hin und wieder Jemand demselben zum Opfer fällt.

Die Chinesen sind besonders gute Fischkenner und genießen ihn meist frisch. Das sehr harte Haifischfleisch wird gewöhnlich getrocknet und geräuchert gegessen, während Haifischflossen eine theuer bezahlte Delicatesse für die chinesische Tafel sind; die Flossen sind einfach in der Sonnenwärme getrocknet und bilden eine hornartige Masse, welche beim Kochen aufquillt, und ebenso wie die eßbaren Vogelnester in Suppe genossen wird. Der berühmteste und gesuchteste der indischen Fische ist der Osphromenus olfax; der Verbrauch desselben ist so groß, daß man zur Befriedigung der Nachfrage künstliche Züchtung desselben einführte.

Unter Uebergehung sonstiger Einzelheiten sei noch ein eigenthümliches Fischgericht, *trasi* genannt, besprochen. Es werden hierzu kleinere Fische und Garneelen in einem irdenen Topf mit Wasser und Salz aufgesetzt und die Mischung so lange faulen gelassen, bis alles in einen Brei umgewandelt ist; das Wasser wird dann abgegossen und als Sauce verbraucht, während die übrigbleibende Masse in Kuchen getrocknet wird. Eingeborene halten von diesem jedenfalls übelriechenden Essen so viel, daß es als sehr erwünschte Zugabe zum Reis gilt, und auch viele Europäer können sich dafür begeistern.

Von den wirbellosen Thieren werden nur wenige von Europäern, von Chinesen und Eingeborenen sehr viele gegessen. Zunächst ist die Auster anzuführen, die bei sonstiger Aehnlichkeit mit der europäischen Auster etwas kleiner als diese ist; Europäer essen sie roh und gekocht, Inländer nie anders als gekocht mit Kräutern oder Tamarinden zusammen. Es sollen Vergiftungen durch dieselben mehrmals vorgekommen sein. Die Chinesen essen häufig kleine Schneckenarten.

Unter den Insekten wird von den so schädlichen weißen Ameisen (Termiten) ein beliebtes Gericht hergestellt; dieselben werden in ihrem letzten Entwickelungsstadium geflügelt und fliegen Abends in großen Mengen um Lichterschein herum. Die Eingeborenen setzen nun eine Schüssel mit Wasser unter ein Licht, welches darin reflektirt die Thiere anzieht, sie werden dann aus dem Wasser gesammelt, nach Ausreißen der Flügel geröstet oder mit Mehl zu einer Art Kuchen gebacken und so gegessen; ihr Geschmack soll annähernd der von Mandeln sein.

Manche Eingeborene, aber mehr noch weibliche chinesische Mischlinge, sind große Verehrer einer kleinen Bienenart, die so genossen wird, daß man sie allein oder mit Honig in ein Blatt wickelt und röstet. Honig ist ein sehr gesuchtes Essen, besonders auch bei der Herstellung von Backwaaren. Große Heuschrecken genießt man geröstet als Zuspeise zum Reis; die Papuas auf Neu-Guinea essen Insekten, mit Vorliebe große Käfer. Außerdem verzehren Manche das Ungeziefer, welches bei der auf Gegenseitigkeit beruhenden Kopfreinigung gewonnen wird. Garneelen werden sehr viel und auf vielerlei Weise zubereitet genossen, von den dortigen Chinesen in rohem Zustande, indem sie die Thiere in Wein trunken machen und sie dann beim Herumspringen auffangen und lebend vertilgen.

Eigenthümlich ist noch die bei dem Eingeborenen bestehende Ansicht, daß Alles aus dem Meere stammende sich als Nahrungsmittel für den Menschen eignet. In diesem Sinne ißt er hie und da auch die so außerordentlich stark nach Schwefelwasserstoff riechenden Krokodileier.

Nahrungsmittel pflanzlichen Ursprungs.

Bei der Betrachtung der animalen Nahrungsmittel haben wir einigermaßen die in zoologischen Werken übliche Reihenfolge inne gehalten, weil es sowohl wegen der Uebersicht als der Behandlung des Stoffs am meisten empfehlenswerth schien. Bei der nun folgenden Besprechung der pflanzlichen Nahrungsmittel ist an eine botanische Reihenfolge nicht zu denken, erstens, weil das Gebiet dieser Betrachtung viel größer ist, da die Pflanzenwelt eine größere Anzahl Nahrungsmittel liefert und einen ausgedehnteren Verbrauch findet, und zweitens, weil an eine Vollständigkeit dieses Abschnittes viel weniger gedacht werden kann, als bei dem über die vom Thiere herstammenden Nahrungsmittel. Hasskarl z. B. nennt in seinem Werk über die nützlichen Pflanzen von Java 456 als Nahrungsmittel verwendete Pflanzen, die alle gesondert zu besprechen seine Schwierigkeiten haben würde.

Obenan steht der Reis, welcher, die Bevölkerung der östlich gelegenen Inseln Ambon, Ternate, Bandá, Batjan u. s. w. ausgenommen, die Hauptnahrung der Bewohner von Niederländisch-Indien ausmacht.

Der Reis (Oryza sativa) hat eine große Anzahl Varietäten, deren im Jahre 1866 im botanischen Garten zu Buitenzorg 80 vorkamen. Für uns ist nur nöthig zu wissen, daß man einen Unterschied zwischen *bras padi* und *bras ketan* oder *poeloet* zu machen hat; der erstere ist der gewöhnliche Reis, der zweite trägt den wissenschaftlichen Namen Oryza glutinosa und unterscheidet sich von jenem durch die weißröthliche Farbe der mehr länglichen und weniger durchscheinenden Körner und ferner durch die Eigenthümlichkeit, beim Kochen sehr klebrig zu werden. Besonders zur Bereitung verschiedener inländischer Backwaaren wird die zweite Art *ketan* sehr viel verwendet, ist aber schwer verdaulich und deshalb wenig zu empfehlen. Von beiden Arten unterscheidet man noch eine weiße, eine rothe und eine schwarze Varietät, die beiden letzteren Sorten werden von Menschen nicht viel gegessen, weil die schwarze einen zusammenziehenden Geschmack hat und die rothe schlecht vertragen wird.

Bei der bekannten chemischen Zusammensetzung des gewöhnlich genossenen weißen Reises ist nicht zu verwundern, daß große Quantitäten davon in den Körper eingeführt werden müssen, um eine genügende Nährstoffmenge daraus zu erhalten. Noch mehr wird dies nöthig durch die in Indien allgemein gebräuchliche Art der Zubereitung. Reis ist wie alle stärkemehlhaltigen pflanzlichen Producte im Allgemeinen um so mehr zur Ernährung geeignet, je stärker er gekocht ist, da dann um so mehr Stärkemehl in Dextrin umgewandelt wurde. Die Anforderungen, welche Eingeborene und auch Europäer in Indien an gut zubereiteten Reis stellen, sind gleichwohl der Art, daß von einem vollständigen Garkochen keine Rede sein kann. Die indischen Frauen wünschen den Reis ganz im Korn, vollständig weiß und sehr wenig oder gar nicht an einander kleben zu sehen; um dies zu erreichen, wird er in einem Körbchen in Wasser, möglichst in strömendem Wasser, sehr lange ausgewaschen, um alle Pulvertheile und alle gebrochenen Körner zu entfernen, dann wird er mit sehr wenig Wasser oder nur in Dampf gekocht, aber nur so lange, bis die Körner quellen, ohne aneinander zu kleben oder auseinander zu fallen. Meist geschieht dieses Dämpfen in einem von dichtgeflochtenem Rotan oder Bambu gefertigten Körbchen, welches auf die Oeffnung eines mit Wasser gefüllten kupfernen, fast kugelförmigen Kessels gesetzt wird, so daß der heiße Wasserdampf durch das Körbchen und seinen Inhalt hindurch streicht.

Diese Bereitungsweise erklärt es, warum Leute, die sich hauptsächlich mit Reis nähren, so erstaunliche Mengen zu sich nehmen müssen. Er ist kalt besser genießbar als warm, Eingeborene essen ihn in der Regel kalt, wie auch im Allgemeinen kalte Speisen im heißen Klima vorzuziehen sind. Der Grund, warum der Eingeborene den Reis kalt genießt, liegt allerdings nicht in der Kenntniß seiner leichteren Verdaulichkeit, sondern in dem Glauben, daß der Genuß von warmem Reis Anlaß zum Blindwerden gebe. Bontius, der so gern Alles glaubte, was Eingeborene ihm erzählten, sagt auch, daß warmer Reis auf das ganze Nervensystem schädlich wirke und so auch Blindheit dadurch entstehen könne. Von größerer Bedeutung ist die Ansicht von Rochard, daß der Reisgenuß zu den Ursachen des Entstehens von *Beri-beri* gehöre, eine Ansicht, die von Simmons zwar nicht getheilt wird, aber bei ihm doch einige Stütze findet, da er behauptet, daß der Reis von derartigen Kranken schlecht vertragen werde und statt dessen eine andere Nahrung, besonders Gerste und Bohnen, dringend nöthig sei. Er kann jedoch nicht entscheiden, ob der Nutzen der letztgenannten Nahrungsmittel auf der mehr laxirenden Wirkung derselben oder deren größeren Gehalt an Pottasche beruht.

Eine andere, bei den Eingeborenen aber wenig übliche Zubereitungsweise des Reises, bei welcher derselbe vollkommen gar gekocht und dadurch zu einem vorzüglichen Nahrungsmittel wird, besteht darin, daß er in einem geschlossenen irdenen Gefäß gekocht wird;

mit Huhn oder Taube darin ist er ein vortreffliches Kinderessen und wird hierzu noch durch ein Sieb gepreßt, am Besten durch ein Haarsieb, da die gewöhnlichen von Bambu gefertigten indischen Siebe leicht Holzfasern hineingerathen lassen. Es ist wohl überflüssig, alle die Zubereitungsweisen des Reises aufzuzählen, welche die Inländer als Leckerbissen betrachten, sie werden im Allgemeinen nur von solchen gut vertragen, die von Jugend auf daran gewöhnt sind; für inländische Kinder und solche von Mischlingen sind sie nicht selten die Hauptspeise. Die beim Kochen gut aufgequollenen Reisspeisen sind leichter verdaulich als andere, darum kann *gablok* (gargekochter Reis in Pisangblätter gefüllt) anempfohlen werden und ist *ketoepat* (ungekochter Reis mit Salz in Körbchen von Palmblättern gefüllt und dann erst gekocht) schwer verdaulich. Außerdem werden platte Kuchen und eine Art Nudeln aus Reismehl gemacht. Dies wird genügend sein, um ein Urtheil über die Genießbarkeit der verschiedenen Reiszubereitungen zu erlangen.

Guter Reis muß schön weiß von Farbe, durchscheinend, fest und trocken sein, keinen muffigen Geruch und säuerlichen Geschmack haben, aus möglichst ganzen vollen Körnern bestehen, in die Hand genommen kein weißes Pulver daran abgeben und frei von allen fremden Bestandtheilen sein, besonders von Kalk, den man wohl anwendet, um altem Reis das Ansehen vom frischem zu geben, und der gerade an der Hand als weißes Pulver haften bleibt.

Es möge hier in Kürze Einiges über die in Indien gebräuchliche Art des Reisbaues folgen, soweit diese in sanitärer Beziehung von Bedeutung ist.

Die *sawah's* (Reisfelder) sind in verschiedener Größe und im Viereck meist an den Bergabhängen terrassenförmig über einander angelegt; jedes Feld für sich liegt in fast horizontaler Fläche und ist von einem mäßig hohen Damm umgeben, der zugleich als Fußweg dient. Von oben herunter wird Wasser, welches häufig sehr mühsam heraufgebracht worden, über die Felder geleitet und rieselt von jedem höher gelegenen durch eine Oeffnung in der Eindämmung in Form eines kleinen Wasserfalles auf das nieder gelegene herab. Wenn die *sawah's* einige Zeit unter Wasser gestanden haben, unterbricht man die Wasserzufuhr, um die jungen Saatpflanzen in den sonst nicht weiter bearbeiteten Schlamm einzusetzen; einige Tage später wird wieder Alles unter Wasser gesetzt, um erst zur Zeit der Reife des

Reises wieder aufzutrocknen. Es ist dies eine sehr kurze und wenig eingehende, aber für uns völlig genügende Beschreibung des sogenannten nassen Reisbaues. Die andere Art auf trockenem Wege kommt hier weniger in Betracht. Es ist nämlich schon viel, sowohl in Europa als in Britisch-Indien und in den französischen Colonien, über den schädlichen Einfluß des nassen Reisbaues auf den Gesundheitszustand der Umwohner von Reisfeldern gesagt worden. Besonders für Italien ist es festgestellt, daß die nasse Reiscultur in Piemont und der Lombardei besonders um die Zeit der Ernte allgemein als ungesund anzusehen ist und zwar weniger für die ständige Bevölkerung dieser Gegenden, als vielmehr für diejenigen, welche sich zu dieser Zeit vorübergehend dort aufhalten. Es ist deshalb in diesen Ländern gesetzlich bestimmt, daß ein gewisser Bezirk um bewohnte Plätze herum nicht zum Reisbau verwendet werden darf.

Wenn man bedenkt, daß in Indien wenigstens $^4/_5$ der einheimischen Bevölkerung mitten in den durch sie bearbeiteten *sawah*'s wohnt, dabei gesund bleibt und sich vermehrt, sogar besonders stark vermehrt, so muß man daraus schließen, daß der Reisbau in Indien wenigstens solch einen nachtheiligen Einfluß auf die Gesundheit nicht ausübt. Sollte man an eine gewisse Accommodation der Bevölkerung an derartige Schädlichkeiten denken, so steht doch die Thatsache, daß der Reisbau nur während einiger Monate im Jahre vorgenommen wird, einigermaßen der Annahme einer solchen Accommodation im Wege. Sicherlich kann ja der Wechsel von Feuchtigkeit und Trockenheit der Reisfelder die Entwickelung schädlicher Organismen begünstigen und vor Allem die gewöhnliche Nachlässigkeit, mit welcher die Eingeborenen nach der Erndte die Reishalme auf den Feldern liegen lassen, Anlaß zur Bildung von Fäulnißproducten geben. Da aber auf den aufgetrockneten Feldern sich sehr rasch ein üppig wucherndes Unkraut entwickelt, wenn sie nicht gleich zum Anbau der sogenannten zweiten Gewächse, wie Mais, Weizen, Hülsenfrüchte verwendet werden, so werden dadurch natürlich viele Substanzen verbraucht, die sonst zur Entwicklung schädlicher Organismen und Miasmen gedient haben würden, wozu allerdings noch kommt, daß durch das Liegenbleiben vielen Abfalls die Porosität des Bodens abnimmt und die Gelegenheit zur Bildung von Lachen mit stehendem Wasser größer wird. Ueberdies findet die Zersetzung der zurückgebliebenen Pflanzentheile unter dem Einfluß der andauernden hohen Temperatur und der Bodenfeuchtigkeit sehr schnell statt.

Wir gelangen so zu dem Resultat, daß die gewöhnliche Art des Reisbaus allerdings als einigermaßen gesundheitsschädlich zu betrachten ist und die trockene Methode in dieser Beziehung vorzuziehen sein würde. Aber die daraus erwachsenden Schädlichkeiten sind in Indien bei der ebenbeschriebenen Anlage der Reisfelder nicht so groß, wie in Norditalien, wo fast ausschließlich sumpfiger Boden, der für andere Kulturen durchaus unbrauchbar ist, zum Reisbau verwendet wird.

Es kommt hier aber noch ein anderer Factor mit ins Spiel, der sicherlich auf die Gesundheit von Mensch und Thier nachtheilig einwirkt, und zwar die Thatsache, daß bei dem Bearbeiten des schlammigen Bodens das Wasser in der Umgebung der Reisfelder trüb und verunreinigt und trotzdem vielfach getrunken wird; daß daraus Krankheiten entstehen, ist nicht zu verwundern. Bei Büffeln findet man häufig große Mengen Schlammes im Magen, die wahrscheinlich viel zum Tode eines oft ohnehin durch übermäßige Arbeit bereits erschöpften Thieres beigetragen haben. Wenn auch die hier genannte Schädlichkeit mit dem Reisbau in gewissem Zusammenhange steht, so kann sie doch nicht als eine directe Folge desselben angesehen werden. Wenn dieser selbst gesundheitsschädlich wäre, so würde dies auch zweifellos dem Eingeborenen zum Bewußtsein gekommen sein und da nun außerdem behauptet wird, daß die Reisproduction in fast allen Residentschaften von Java mit erheblichen Verlusten an Geld einhergeht, so würden diese beiden Factoren sicherlich schon längst der Bevölkerung Anlaß gegeben haben, diese Kultur nicht weiter zu betreiben. Dennoch erkranken allerdings Europäer in der Zeit nach der Reiserndte erfahrungsgemäß vielfach an fieberhaften miasmatischen Krankheiten, besonders wenn sie in unmittelbarer Nähe der Reisfelder wohnen. Man hat deshalb schon daran gedacht, die Reiskultur in gewissen in der Umgebung von Wohnungen gelegenen Bezirken zu verbieten oder dieselben durch andere Pflanzungen, welche die schädlichen Stoffe fernhalten sollen, zu umgrenzen. Doch würde die Sorge für eine gründliche Entwässerung und eine zweite Aussaat viel mehr Nutzen haben, weil dabei der größte Theil der von den Reispflanzen zurückgebliebenen Reste beseitigt werden würde.

Was den Genuß von Reis betrifft, so lehrt eine uralte Erfahrung, daß selbst ein reichlicher Gebrauch dieses Nahrungsmittels nicht schädlich ist; am besten zum fortdauernden Genuß ist der alte Reis, da neugeerndteter bei einzelnen Menschen den Darmkanal reizt und Anlaß zu Diarrhöen giebt. Noch verdient Erwähnung, daß an den Hülsen der Körner viele mikroskopische, glashelle, scharfkantige Crystalle haften, welche wahrscheinlich aus Kieselsäure bestehen, auf der Haut Jucken verursachen, und bei ungenügender Reinigung des Reises gleichfalls reizend auf die Darmschleimhaut wirken können.

Als Volksnahrung an Stelle von Reis finden wir auf den östlich gelegenen Inseln der Molukken den Sago, der von verschiedenen Cycaden-Arten u. A. herstammt. Die Stämme dieser Bäume werden gefällt und das Mark derselben in Form von Körnern verwendet. Gut gekochter Sago ist ein recht gutes Nahrungsmittel. Arrowroot wird fast nur als Nahrung für Kinder und Kranke von Europäern gebraucht. Kartoffeln werden vielfach angepflanzt und kommen bei Europäern in der Regel auf den Tisch, doch sind sie meist weniger schmackhaft als die europäischen. Mais wird stellenweise dem Reis vorgezogen, er ist halbreif geröstet ein Leckerbissen, da er dann einen sehr süßen milchartigen Saft enthält; mit Zucker, Reismehl und Cocosmilch wird aus ihm Kuchen gebacken. Der Weizen wird höchstens von einzelnen Grundbesitzern als Rarität gebaut. Der Hauptbedarf für die Bäckereien kommt auch als Mehl aus Europa, besonders aus Ungarn. Wirklich wohlschmeckendes gutes Brot bekommt man selten; eine der besten Sorten in Batavia ist nicht käuflich, sondern wird nur in Krankenhäusern ausgegeben; einzelne Bäcker fertigen Roggenbrod an, welches auch in Blechbüchsen eingeführt wird, während die Chinesen schlechte Sorten von mit viel Kleie vermengtem Weißbrod an den Thüren feilbieten. Die bekannten englischen Biscuits finden auch bei Eingeborenen im Binnenlande viel Absatz.

Die Hülsenfrüchte werden besonders als Zuspeisen zum Reis genossen, darunter die gewöhnlichen Schneidebohnen, Erbsen u. s. w. Unter den Erdfrüchten sind die Jams (Dioscorea) wenig beliebt, einige Arten sind sogar giftig. Die Knollen derselben werden in Scheiben geschnitten, mit Asche bestreut und in der Sonne getrocknet, dann während acht oder zehn Tage in fließendem Wasser aufgeweicht und in der Zeit öfter abgewaschen. Das Wasser bekommt dadurch hustenreizende Eigenschaften. Anfangs 1879 kam unter den Eingeborenen zu Samarang ein trockener Husten vor, an dem Tausende litten und der durch das Trinken von Flußwasser entstanden sein sollte, in welchem die genannten Früchte stromaufwärts ausgewaschen wurden. Bataten werden vorwiegend in Mittel-Java gebaut und sind ein gutes Nahrungsmittel, sollen aber angeblich öfter Entzündung der Mundschleimhaut verursachen.

Besonders in Bantam wird die Maniokpflanze viel gebaut, deren Wurzeln gekocht oder gebacken eine angenehme Speise liefern, oder zu einer Mehlart, Manioka, verarbeitet werden; dieses Mehl heißt kassave, wenn es in der Luft getrocknet wurde und tapiocca, wenn die Bereitung auf heißen Eisenplatten geschah. Das Mehl wird meist nach England ausgeführt und zur Herstellung von Bisquits verwendet.

In der inländischen Haushaltung nimmt die Cocospalme mit ihren Früchten eine der wichtigsten Rollen ein. Das in der Nuß enthaltene Wasser *(klapperwater)* hat einen süßlichen Geschmack und wird vielfach getrunken, doch schreibt man demselben das Entstehen von Kreuzschmerzen zu, wenn es längere Zeit in großen Quantitäten genossen wird; vielleicht steht dies mit seiner unverkennbaren harntreibenden Wirkung im Zusammenhang; von jungen halbreifen Früchten wird die innere Schale der Nuß roh oder auf verschiedene Arten gekocht gegessen, die Papuas auf Neu-Guinea schaben das Fleisch der Nuß mit einer Muschel und bereiten daraus mit *klapperwater* einen Brei, der bei keiner Festlichkeit fehlen darf; auch wird ein Gebäck, selbst für den europäischen Tisch, davon bereitet. Die halbreifen Früchte sind überhaupt für die Herrichtung der Reistafel unentbehrlich. Aus dem Fleisch ganz reifer Nüsse wird durch Auskochen das bekannte Cocosöl gewonnen, welches man vielfach zur Verfälschung der Butter verwendet. Die Blattknospen werden als ein feines grünes Gemüse vom Geschmack des Weißkohls gekocht oder in Essig eingelegt bei Fleisch und Reis gegessen, wie auch die anderer Palmenarten.

Sonst gehören noch zu den vegetabilischen Nahrungsmitteln besonders die Früchte verschiedener Pisangarten, welche sehr wohlschmeckend und nahrhaft infolge ihres großen Stärkemehl- und Zuckergehaltes sind, (sie sind ein Hauptbestandtheil des Breies, welcher kleinen, selbst neugeborenen Kindern verabreicht wird, wozu sie mit gekochtem Reis vermengt werden), außerdem Gurken, Melonen, Zwiebeln, Knoblauch, die beiden Letzteren eine unentbehrliche Zuthat zum Reis und ein sehr häufiger Bestandtheil inländischer Heilmittel. Eigenthümlich ist der allgemein beliebte Genuß unreifer Früchte, gegen den bei Choleraepidemien polizeilich vorgegangen wird, und zwar nicht blos durch das Verbot des Verkaufs derselben, sondern es werden sogar die Blüthen an den Bäumen vernichtet. Ananas ist besonders bei weiblichen Mischlingen deshalb nicht beliebt, weil sie auf die Geschlechtssphäre zu reizend einwirkt, und müssen sich auch Neuankömmlinge vor dem Genuß dieser Frucht hüten, weil sehr leicht Verdauungsbeschwerden dadurch entstehen. Auch der Kürbis gehört unter diejenigen Früchte, welche manche üble Eigenschaften haben und deshalb nur in mäßiger Quantität genossen werden dürfen; der Saft desselben soll eine fleischauflösende Eigenschaft besitzen, weshalb die Eingeborenen das zähe Haifischfleisch mit Kürbisblättern zusammenkochen, um dasselbe weicher zu machen.

Auf eine höchst eigenthümliche Frucht müssen wir etwas näher eingehen. Es ist der *Durian* (Durio zibethinus), eine sehr stark nach Zwiebeln riechende Frucht, deren Fleisch von Inländern allgemein und gerne gegessen wird, während auch viele Europäer sie nicht verschmähen. Nach deren Genuß stellen sich häufig Congestionen nach dem Kopfe und ungemein starkes Aufstoßen ein. Für den, der sich über den Gestank derselben hinweggesetzt hat, ist sie zweifellos ein gutes, wenn auch etwas schwer verdauliches Essen; man schreibt ihr eine erregende Wirkung auf den Geschlechtstrieb und die Nierenthätigkeit zu.

Geradezu enthusiastische Beschreibungen über diese Frucht finden sich bei den verschiedensten Schriftstellern und es geht sogar so weit, daß man ihr herrliche Namen verleiht und Epigramme auf sie schreibt. Es ist wirklich nicht uninteressant, die Herzensergießung eines Autors, Wallace, über diese Frucht kurz zu berichten. Er sagt unter Andern: „Wird die Frucht ins Haus gebracht, so ist ihr Geruch oft so widerlich, daß Manche sich nicht entschließen können, davon zu kosten. Dies war auch bei mir auf Malacca der Fall, aber auf Borneo fand ich eine reife Frucht auf dem Boden liegend, die ich also außer dem Hause verzehren konnte, und der erste Bissen davon hat mich für immer zum *Durian*-Esser bekehrt. Der genießbare Theil derselben ist das in Art und Geschmack vollkommen unbeschreibliche Fleisch, in welchem 2 bis 3 Kerne von Kastanien-Größe eingeschlossen liegen. Ein recht butterreicher, stark mit Mandeln gewürzter Kuchen könnte im Geschmack einigermaßen damit verglichen werden, doch empfindet die Zunge gleichzeitig damit etwas, was an Rahmkäse, Zwiebelsauce, Sherry und andere ganz ungleichartige Dinge erinnert, überdies hat das Fleisch eine unvergleichlich zarte Beschaffenheit, die den feinen Geschmack noch erhöht. Die Frucht ist weder süß, noch sauer, noch saftig, doch empfindet man gar nicht das Fehlen dieser Eigenschaften, denn sie ist eben so, wie sie ist, unübertrefflich. Sie bringt weder Widerwillen, noch irgend welche andere unangenehme Empfindung hervor und je mehr man davon genießt, desto mehr wächst das Verlangen danach. In der That ist *Durian*-Essen ein wahrer Genuß, der allein eine Reise „nach dem Osten" werth ist.

„Die reife Frucht fällt von selber ab und ist gleich nach dem Abfallen am besten genießbar, weil dann der Geruch am wenigsten überwältigend ist. In ertragreichen Jahren werden unreife *Durians* in großen Mengen mit Salz eingelegt und das ganze Jahr über aufbewahrt, nehmen dann aber einen für Europäer entsetzlichen Gestank an, den wieder die Dajaken gerade sehr hoch zu schätzen wissen". Wallace behauptet ferner, daß er den *Durian* als den König und die Orange als die Königin der Früchte betrachtet, daß weiterhin beim Herabfallen reifer *Durians* sehr gefährliche, oft tödtliche Wunden zu Stande kommen, wie dies auch von Cocosnüssen schon gesagt worden ist. Das unangenehme Aufstoßen nach dem Genuß von *Durian* soll verhütet oder wenigstens vermindert werden, wenn man aus leeren Schalen dieser Frucht etwas Wasser oder Thee trinkt.

Die Früchte der verschiedenen Citrus-Arten (Pomeranzen, Citronen u. s. w.) gelten bei den Eingeborenen als sehr gesund, so daß sie an keinem Krankenbett fehlen dürfen. Dieselben sind ferner große Liebhaber von Zucker und genießen, wenn sie bei Casse sind, viel davon im Caffee, Thee, in lauwarmem Wasser, Gebäck u. s. w. Er wird aus Zuckerrohr gewonnen, welches auch in Stückchen geschnitten, geschält und als Leckerei genossen wird, während man die jungen Schößlinge auch als gekochtes Gemüse zum Reis ißt. Der allgemein gebräuchliche Zucker ist übrigens nicht raffinirt, solcher wird nur für den Bedarf der Apotheken, nur selten einmal für den Hausgebrauch, aus Europa eingeführt. Man gewinnt ferner noch Zucker aus dem Saft gewisser Palmenarten, indem die Blüthenstengel, während sie noch mit dem Baume verbunden sind, mittelst eines Stückchen Holzes weich geklopft und dann einige Wochen später abgeschnitten werden, worauf aus der Wunde der gelbliche Saft reichlich ausfließt. Da der Eingeborene Pflanzen als mit Bewußtsein begabte Wesen betrachtet, so werden Proceduren wie die obengenannte mit ganz sonderbaren Ceremonien und erst nach Abhaltung von Gebeten und Opfern vorgenommen; das Weichklopfen geschieht erst ganz leise und wird allmählich verstärkt und zum Auffangen des Saftes nimmt man zunächst kleine Bambugefäße, die dann allmählich an Größe zunehmen. Alle diese Fürsorgen gelten als wesentlich für eine ergiebige Ernte; wird zu hart geklopft oder zu Anfang ein zu großes Gefäß herbeigebracht, so soll der Baum erschrecken und der Ausfluß des Saftes sich vermindern. Der Letztere wird durch Kochen eingedickt und ist dann dunkelbraun von Farbe, bei weiterem sorgfältigen Verfahren gewinnt man einen ziemlich trockenen, leicht gelb gefärbten Zucker.

Besonders um die Zeit des europäischen Neujahrs werden getrocknete Datteln eingeführt, welche die chinesischen Kaufleute, ebenso wie eingemachte Kürbisse, Thee, golddurchwirkte Pantoffel, chinesisches Feuerwerk und Anderes ihren europäischen Kunden als Neujahrsgeschenk anbieten. In neuerer Zeit werden auch frische Früchte, besonders Aepfel, Nüsse, Kastanien, meist in Eis verpackt von Australien und auch aus Europa herübergebracht. Was den Genuß von Früchten anbetrifft, so halten Eingeborene, mehr aber noch die Mischlinge und Kreolen denselben Morgens für sehr gesund, weniger Mittags, und Abends für unbedingt gefährlich; viele essen sie, u. A. auch Ananas, mit Salz, was bei solchen, die harzige Bestandtheile enthalten, auch wohl Empfehlung verdient.

Zuspeisen.

In erster Linie steht hier für die inländische Tafel der spanische Pfeffer (Capsicum annuum und andere Arten), dessen angenehm reizender, stark aromatischer Geschmack bekannt ist; dabei übertrifft die frische Frucht die getrocknete oder in Essig und Salz eingelegte noch an Geschmack. Man genießt ihn zum Reis in verschiedener Weise, entweder roh mit etwas Salz, oder mit Zucker vermischt und in Cocosöl oder Butter etwas gebraten, oder auch als Zusatz zu *sambal-sambalam.* Unter letzterem versteht man allerlei Mischungen von Grünem, Fleisch- und Fischspeisen, welche beim Reis auf kleinen Schüsselchen dargereicht werden und wovon jeder nach seinem Geschmack eine gewisse Menge nimmt; die Schmackhaftigkeit des Reisgerichts, welches sich jeder selbst auf seinem Teller zurecht macht, hängt wesentlich von der richtigen Dosirung dieser Bei- und Zuspeisen ab, zu welchen beispielsweise gehören: geschnittene Gurken mit etwas

Essig und schräggeschnittenem spanischen Pfeffer, gekochte Schneidebohnen mit eben solchem, Hühnermagen in Stückchen geschnitten; gebratene, getrocknete oder mit einer Sauce zubereitete Garneelen, gebratenes Hühnerfleisch, Gurken mit *kerri* bereitet, hart gekochte Eier mit spanischem Pfeffer, Salz und Sauce, und eine Anzahl anderer Mischungen, die häufig auch *trasi* (siehe Seite 78) und Aehnliches enthalten. Der spanische Pfeffer kommt auch bei der Zubereitung von *roedjak* in Anwendung, indem er in irdenen Schüsseln mit etwas *trasi*, Zucker u. s. w. vermischt wird und darin in Scheiben geschnittene Früchte eingelegt werden.

Das heiße Klima bringt eine Menge Pflanzen mit einem großen Gehalt an ätherischen Oelen hervor und „es erscheint," sagt Bleeker, „als ein gewisses Entgegenkommen seitens der Natur, daß sie bei der schwächenden Wirkung des Klimas auf den Menschen Gewürze und Pflanzen erzeugt, welche dem Menschen den richtigen Weg zur Verhütung und Heilung der Atonie des Körpers, besonders der Schleimhäute, zeigen. Der Eingeborene als Naturmensch hat sich diese Anleitung zu Nutzen gemacht und kaut Sirih und andere Gewürze, Rinden und Kräuter, reibt sich mit ätherischen Oelen ein u. s. f.; dagegen der Europäer, der ceteris paribus mehr noch durch das Klima zu leiden hat als der Eingeborene, in seiner Weisheit die Lehren der Natur unbeachtet läßt, und wenn auch die Männer sich die Federkraft des Körpers auf andere Weise zu erhalten wissen, so empfinden doch die Frauen bald die sehr betrübenden Folgen." Diese Aeußerung Bleeken's in seinen „Beiträgen zur medizinischen Topographie von Batavia" seien hier nicht etwa wegen der darin gegebenen Schlußfolgerung, sondern deswegen angeführt, weil sicherlich ein regelrechter, aber nicht übertriebener Genuß reizender Mittel, besonders des spanischen Pfeffers als nöthig betrachtet werden muß, natürlich stets unter Berücksichtigung des Zustandes des Darmkanals, doch sprechen wir hier ja nur von gesunden Menschen. Mit Recht vergleicht Pettenkofer den mäßigen Genuß von Gewürzen zur Nahrung mit dem Einölen der Theile einer Dampfmaschine; wenn dies auch die bewegende Kraft nicht ersetzen oder steigern kann, so macht es doch den Gang der Maschine leicht und regelmäßig und vermindert erheblich deren Abnutzung. Jeder längere Zeit in Indien thätige Arzt wird spanischen Pfeffer als verdauungsbeförderndes Mittel anempfehlen; durch den im Anfange etwas zu starken Geschmack soll sich Niemand abschrecken lassen, ihn weiter zu gebrauchen. Durch das Trinken von Wasser wird das durch ihn im Munde erzeugte heiße Gefühl nur verstärkt, während es durch Fett vermindert wird. Die Eingeborenen rechnen übrigens den spanischen Pfeffer zu den kühlenden, den gewöhnlichen Pfeffer zu den erhitzenden Mitteln.

Eine andere Zuthat zum Reis ist *peté*, welche die Eingeborenen so hochschätzen, daß der betreffende Baum (Parkia Africana) selten in einem Dorfe vermißt wird. Europäer nennen die *peté*-Bohnen wegen ihres starken knoblauchartigen Geruchs Stinkbohnen. Ten Brink sagt, daß, wie viele Länder und Orte durch einen spezifischen Geruch gekennzeichnet würden, so der javanische *kampong* durch den Geruch nach *peté* charakterisirt werde.

In der indischen Küche sind ferner Tamarinden in frischem oder getrocknetem Zustande unentbehrlich und werden häufig anstatt der Citronen gebraucht, ihre Wirkung ist stark verdauungsbefördernd. Eine sehr beliebte Speise sind Beine und Flügel von Hühnern mit Salz und Tamarinden eingerieben und in Butter oder Oel gebraten. Außerdem sind auch die in Europa gebräuchlichen Gewürze in Gebrauch, davon Vanille nur bei Europäern, während aus der Rinde und den Blättern des Zimmtbaums die Eingeborenen sich Thee bereiten.

Kerri, das bekannte indische Gewürz, ist ein Gemisch verschiedener Pflanzenstoffe, wie Cocosnuß, Curcuma, Ingwer, Zwiebeln, Pfeffer, Coriander u. s. w., abgekocht in Brühe von Hühnerfleisch, Krabben und dergleichen. Jenachdem man dann die eine oder andere Art von *kerri* bereiten will, werden hierzu noch andere Fleisch- oder Pflanzen-Speisen zugesetzt, z. B. auch die bekannte pomme d'amour (Tomaten). Der als Zusatz zum Reis schmackhafte *kerri* wird aber doch mehr von Europäern als von Inländern und Mischlingen gebraucht, da die Letzteren mehr Abkochungen von Blättern und Früchten in Wasser oder Bouillon genießen. Auch was sonst noch zum Reis genossen wird, ist stets etwas pikant und soll diesen schmackhafter und verdaulicher machen. Das Salz, welches als Regierungs-Monopol verkauft wird, ist größtentheils aus Seewasser durch einfaches Verdampfen desselben gewonnen und wegen seines Gehaltes an Magnesiasalzen von etwas bitterem Geschmack, doch wird auch feineres Salz unter dem Namen Tafelsalz in Flaschen aus Europa eingeführt. Auf jeder Tafel findet sich noch ein Fläschen Soja, aus dem Mehl der Sojabohne hergestellt, indem man dasselbe mit Weizenmehl röstet und mit einem gährenden Brei von Weizenmehl vermengt. Nachdem die Mischung einige Tage in der Wärme gestanden und sich mit einer Lage Schimmel bedeckt hat, wird sie mit einer Salzlösung ausgezogen, die dadurch gewonnene Flüssigkeit 3—5 Jahre in Gefäßen aufbewahrt und schließlich filtrirt und in graue Krüge gefüllt in den Handel gebracht. Die Bereitung der feinsten Soja ist übrigens Geheimniß einiger Chinesen, welche dabei Stoffe verwenden sollen, die auf die Augen schädlich wirken, so daß der beste jetzige Soja-Fabrikant ganz blind geworden sein soll. Man behauptet auch, daß zuweilen eine Verfälschung der Soja durch menschlichen Urin stattfinde.

Anhang.

Es sei noch kurz gewisser Erdarten gedacht, die als Leckerbissen auf verschiedenen Plätzen des indischen Archipels genossen werden. Die Eingeborenen nennen die eßbare Erde mit einem allgemeinen Namen *ampoh*, welche in fast jedem inländischen Kaufladen zu haben ist und besonders von schwangeren Frauen in der Meinung gekauft wird, daß das noch ungeborene Kind sich darauf aufstellt; Frauen essen *ampoh* daher so lange, wie sie guter Hoffnung sind und hören gleich nach der Niederkunft damit auf. Während die Dajaken die Erde in der Sonne trocknen, wird sie auf Java, besonders in Bantam, erst gebacken; in Soerabaja giebt es eine nach Salz schmeckende Art, indem hier die halb getrockneten und von Sand befreiten Erdkuchen mit Salzwasser bestrichen werden. Durch die chemische Untersuchung dieser Erdarten wurden nur anorganische Stoffe mit theerhaltigem Thon nachgewiesen, sodaß dieselben für die Ernährung als ganz werthlos zu betrachten sind.*)

*) Mit dieser Ansicht tritt van der Burg der Beobachtung A. von Humboldt's gegenüber, derzufolge die Otomaken am Orinoko (Südamerika) sich zur Zeit der jährlichen Ueberschwemmungen monatelang fast ausschließlich von Thonerde nähren und dabei durchaus nicht mager werden, sondern im Gegentheil recht kräftig und gesund aussehen.

In den Steinkohlenbergwerken auf Borneo wird eine Art Kohlenschiefer gegessen, der zweifellos giftig wirkt und bei längerem Gebrauch den Tod zur Folge haben kann, ohne daß bisher der giftige Bestandtheil chemisch nachgewiesen wurde; manche sind diesem Genuß ebenso ergeben wie der Opiumesser dem Opium. Nach Altheer muß der Grund für das Erdeessen darin gefunden werden, daß die theerhaltige (bituminöse) Thonerde in zahlreichen Poren Luft enthält, welche einen für Liebhaber angenehmen Prickel erzeugt. Auf diesem Luftgehalt beruht auch der nach jedem ersten Regen auf trocknen Boden in Indien auffallend stark bemerkbare Geruch nach Erde.

Getränke.

Bei der Wahl des hier zunächst in Frage kommenden Trinkwassers sind die Eingeborenen nicht gerade sehr sorgfältig. Wo artesische Brunnen bestehen, wird das Wasser von diesen bezogen, und zwar sehr im Interesse der Gesundheitsverhältnisse, welche sich seit der Anlage von solchen Brunnen wesentlich gebessert haben im Vergleich zu der Zeit, wo überall nur Fluß- oder Regenwasser benutzt wurde. Allerdings riecht das Wasser aus diesen Brunnen oft etwas nach dem darin in geringer Menge enthaltenen Schwefelwasserstoff, der sich aber bei der hohen Temperatur des Wassers selbst schon verflüchtigt, und ist außerdem zuweilen von einem dünnen Häutchen von darauf schwimmendem Erdöl bedeckt.

Wo keine artesischen Brunnen vorhanden sind, wird Fluß- oder Regenwasser getrunken; das erstere ist an den flach gelegenen Orten durchweg sehr schlecht, wie schon früher gesagt, gewöhnlich von brauner oder gelber Farbe und stets trübe. Die Beimengung organischer und anorganischer Stoffe ist so reichlich, daß das Wasser aus dem Ty-lioeng, dem Flusse Batavia's, auch nach sechsmonatlichem Stehen trotz des abgesetzten Bodensatzes noch nicht klar wird und auch durch Filtriren nicht viel gewinnt. Die Namen der Flüsse sind gewöhnlich von der ihnen eigenen Farbe abgeleitet und heißt z. B. der ebengenannte Ty-lioeng der gelbe Fluß, wie auch noch weiße, rothe u. s. w. unterschieden werden. In den Berggegenden mit meist vulkanischem Boden ist das Wasser fast immer klar, verliert diese Eigenschaft aber bald beim Fließen durch die Ebene, weil nicht nur Bestandtheile der verschiedenen Bodenarten sich ihm beimengen, sondern auch alle Auswurfstoffe der am Flusse liegenden Ortschaften hineingeleitet werden. Außerdem dient der Fluß Menschen und Thieren als Bad und wird hierzu fast von Jedem mindestens ein Mal, meist aber mehrere Male am Tage benutzt, und wenn auch das Hineinwerfen von Fäulnißstoffen und todten Thieren untersagt ist, so beweist doch das häufige Vorbeitreiben von Thierleichen, daß diesem Verbot ebensowenig, wie auch anderen Gesetzesbestimmungen in Indien, nachgekommen wird.

Die reichlichen Beimengungen des Flußwassers, welche sich besonders an der Mündung als Schlamm absetzen, erklären die fortwährende Zunahme, welche besonders die Nordküste von Java erfährt und die jährlich durchschnittlich 25 Fuß beträgt. Trotzdem läßt sich dieses Wasser mit der nöthigen Sorgfalt soweit reinigen, daß sein Gebrauch ohne schädliche Folgen bleibt. Diese Reinigung wird so vorgenommen, daß man es in großen irdenen birnförmigen Gefäßen, die mit dem dünneren Theile nach unten aufgestellt und oben mit einer nicht sehr großen Oeffnung versehen sind, sich klären läßt und dann in Filtrirmaschinen hineinschöpft. Die ebengenannten Gefäße sind bis zu 4 Fuß hoch und manchmal in einer besonderen Wasserkammer in den Grund eingemauert; sie wurden früher besonders aus Japan eingeführt, haben aber dort ihre ursprüngliche Bestimmung verloren, indem man sie jetzt als Latrinen benutzt. Als Filtrirvorrichtung dient Kalksandstein, der entweder eine pyramidenförmige Aushöhlung besitzt oder als hohler Cylinder ausgehauen ist. Im ersteren Falle wird er mittelst eines hölzernen Gestells aufgestellt, das oben hineingefüllte Wasser dringt dann tropfenweise hindurch und wird unten angesammelt und zwar in der Quantität von durchschnittlich 4 Liter in der Stunde; die cylinderförmigen Filtrirsteine werden in ein Faß Wassers hineingestellt, so daß dieses von außen nach innen hindurchdringt und sich darin ansammelt, doch bleibt die erstere Methode deshalb die bessere, weil das filtrirte Wasser in ausgiebigeren Kontakt mit der Luft tritt, dabei noch einzelne schädliche Stoffe oxydirt und gleichzeitig brauchbare Bestandtheile aus der Luft aufgenommen werden.

Wo anderes trinkbares Wasser nicht zu haben ist, sammelt man Regenwasser an, welches ja recht gut genießbar ist, wenn ein starker Guß vorher Luft, Dächer und Rinnen reinigte; doch hat diese Art der Wassergewinnung deshalb ihre Schwierigkeiten, weil eine große Anzahl Behälter dazu gehört, um auch für die trockene Jahreszeit genügenden Vorrath zu sammeln.

Eine hohe Bedeutung als täglicher Trank hat das Wasser erst durch die regelmäßige Einfuhr von Eis aus Amerika und besonders durch Gründung von Eisfabriken in Indien selbst gewonnen. Zweifellos hat sich auch der allgemeine Gesundheitszustand der Europäer seitdem gebessert und der früher bei der schlechten Beschaffenheit des Trinkwassers einigermaßen berechtigte übermäßige Genuß von Spirituosen ist vollständig zu verwerfen, seitdem durch das Eis das Trinkwasser zu einem herrlichen, erfrischenden Trank wurde. Der Gebrauch desselben ist an den Hauptplätzen auch bei der inländischen

Bevölkerung allgemein, sowohl zur Abkühlung von Getränken, als zur Herstellung von Gefrorenem (Vanille, Fruchteis u. s. w.) Im Inlande, wo kein Eis zu haben ist, hilft man sich mit den schon seit Jahrhunderten gebräuchlichen Kühlkrügen, durch deren poröse irdene Wandung beständig etwas Feuchtigkeit an die Oberfläche durchsickert und durch ihre Verdunstung einige Abkühlung des Inhaltes schafft. Meist wird in den Eisfabriken zu Batavia gereinigtes Flußwasser verwendet, da das aus artesischen Brunnen gewonnene zu warm ist und lange stehen muß, bis es brauchbar wird; ferner ist das daraus gefertigte Eis von gelblicher Färbung und völlig undurchsichtig durch die in kleinen Bläschen darin eingeschlossene Kohlensäure, hält sich auch weniger lange, als das aus anderem Wasser hergestellte.

Caffee wird von Europäern in Indien sehr stark zubereitet, jedoch immer nur wenig davon mit viel Milch genossen. Die Araber rösten stets nur die für jedes einzelne Mal nöthige Quantität Bohnen und bereiten davon einen nicht starken und bittern, wohl aber recht aromatischen Caffee. Die Eingeborenen trinken Caffee und Thee ohne Milch, aber mit Zucker, besonders den ersteren; statt desselben bereiten sie hier und da, so in Preanger und auf Sumatra, einen Aufguß von leicht gerösteten Caffeebaumblättern, die sich chemisch von den Früchten nicht sehr unterscheiden, oder sie mischen gebrannte Caffeebohnen mit gebrannten Maiskörnern, oder nehmen Cacaobohnen; schließlich sind sie auch große Liebhaber eines Täßchens heißen Wassers, pur oder mit etwas Zucker darin genossen. Von den Chinesen wird recht dünner Thee, der nur eben gezogen hat, am liebsten aus recht alten Theetöpfen und ohne Zucker und Milch getrunken.

Auf den Straßen werden noch andere Getränke feilgeboten, welche in der Hauptsache aus Zuckerwasser mit verschiedenen Zusätzen bestehen und manche Pflanzen- und Fruchtsäfte werden in Form von Limonaden getrunken. Der *Serbat* ist dadurch auch in Europa bekannt, daß von Indien herübergewanderte Mischlinge ihn daselbst während des Winters trinken, und zwar ist er ein Aufguß eines Gemenges verschiedener Gewürze, wie Gewürznelken, Muskatnuß, Cardamom, Zimmt, Pfeffer u. s. w.

Sämmtliche in Europa gebräuchlichen alkoholhaltigen Getränke werden in Indien eingeführt, wirken hier aber weit schädlicher, als in kühleren Klimaten, wenn sie gewohnheitsmäßig genossen werden.

Besonders Lebererkrankungen, welche allerdings auch durch den Einfluß des Klima's allein hervorgerufen werden können, scheinen durch den habituellen Gebrauch oder Mißbrauch des Alkohols häufiger zu entstehen. In diesem letzteren Sinne verglich man in früheren Zeiten scherzweise den Grad der Lebererkrankungen bei Obductionen mit dem Gehalt, den der Verstorbene bezogen und kam schließlich dahin, denselben nach der Charge des Betreffenden zu benennen und hiernach eine Mineurleber, Stabsmusikantenleber u. s. w. zu unterscheiden, um damit gleich ein Bild der krankhaften Veränderung zu geben. Allenfalls kann man Frauen bei ihrer gewöhnlich bestehenden Blutarmuth den täglichen Genuß eines Glases Rothweins verordnen, umsomehr, als sie weniger von den reizenden Zuspeisen bei der Reistafel Gebrauch machen.

Inländer trinken keinen Wein mit Ausnahme einzelner, die viel mit Europäern in Berührung kommen, Mischlinge selten, weibliche fast gar nicht; man sieht deshalb bei ihnen oft ein einziges ausnahmsweise genossenes Glas Wein eine so betäubende Wirkung entfalten, daß man in gleichem Falle bei Europäern zu den stärksten Reizmitteln zur Ernüchterung greifen würde. Die in Indien selbst bereiteten alkoholischen Getränke sind der Arak, dann der sogenannte *toewak kras* und das inländische Bier. Zur Herstellung des Arak wird Reis leicht gekocht, viel Wasser dazugesetzt und diese Mischung der Gährung überlassen, nach deren Ablauf die Flüssigkeit destillirt wird. Neuerdings setzt man derselben den Abfall aus Zuckerfabriken (Syrup oder Melasse) zu oder der Syrup wird allein ohne Reis zur Fabrikation des Arak verwendet. In Batavia, wo die Zuckerfabriken noch nach alter Manier arbeiten und daher viel Zucker im Syrup zurückbleibt, wird besserer Arak gewonnen, als in Ost-Java, wo dies weniger der Fall ist. Um den Arak stärker erscheinen zu lassen, sollen die Chinesen in Indien ihm gewisse Seethiere (Holothurien) beimischen; er enthält mehr als 50 % Alkohol, der für den Export bestimmte bis zu 80 %.

Der *toewak kras* wird gewonnen aus dem Saft gewisser Palmenarten, welcher diesen in der auf Seite 88 beschriebenen Weise entzogen wird. Der Saft schmeckt sehr süß, aber etwas nach Rauch, weil man die Bambu-Gefäße erst stark räuchert, um die sehr schnell, schon nach einigen Stunden auftretende Gährung aufzuhalten. Während des Gährens schmeckt er angenehm, ist farb- und geruchlos und wird gut vertragen; bald jedoch tritt Trübung, milchiges Aussehen, saurer Geschmack und ein unangenehmer, an Schwefelwasserstoffgas erinnernder Geruch ein, welches letztere Gas auch in kleinster Quantität darin nachzuweisen ist. Ein Baum liefert bei richtiger Behandlung 8 Liter Saft täglich während ungefähr 3 Monate. Man trinkt ihn entweder allein oder nachdem er auf bittere Pflanzenstoffe aufgegossen wurde und deren Geschmack mit angenommen hat; auf Madura setzt man ihm zuweilen narkotische Substanzen zu, um ihm eine mehr betäubende Wirkung zu verleihen. Obgleich *toewak* seinem Alkoholgehalte nach, der nur 3 %, also ungefähr soviel wie der des leichtesten Bieres beträgt, ein ziemlich harmloser Trank ist, kann er doch schädlich, selbst gefährlich werden, wenn unmittelbar danach andere Spirituosen irgend welcher Art getrunken werden, es entsteht dann nach einer kleinen Quantität Bier, Arak oder Genever der heftigste Rausch, der sich bei Trinkern bis zur Raserei steigern kann. Man hat eine Erklärung für diese sonderbare Erscheinung darin zu finden geglaubt, daß durch den Alkohol alle Kohlensäure der stark gährenden Flüssigkeit frei werde und Blutüberfüllung des Gehirns erzeuge, um so mehr, als Gewohnheitstrinker gewisse Neigung zu Blutgefäßerweiterung besitzen; vielleicht spielt auch die dabei in's Blut aufgenommene Kohlensäure eine Rolle bei diesem Zustande. Wahrscheinlicher aber ist, daß der *toewak* dazu beiträgt, daß der genossene Alkohol sehr schnell oxydirt wird, und daß auch die häufig beigemischten narkotischen Stoffe zu dem Zustand mit beitragen. Wegen der angegebenen Wirkung ist der *toewak* in der Niederländisch-Indischen Armee streng verboten.

Das in Batavia und wohl auch anderswo unter dem Namen Bier feilgebotene Getränk ist hellbraun von Farbe, moussirt ziemlich stark, und wird aus Reis unter Zusatz von verschiedenen Gewürzen gebraut.

Dies sind außer den aus Europa eingeführten die hauptsächlichsten in Indien üblichen Getränke; es giebt auch noch einzelne andere von geringerer Bedeutung, doch sei hier nur noch ein bei den Papuas genossenes Getränk wegen der höchst sonderbaren Art seiner Zubereitung erwähnt. Dasselbe wird aus einer Pfefferpflanze dadurch hergestellt, daß frische Blätter derselben von kleinen Knaben gekaut werden; wer müde ist, giebt sein Gekautes einem Andern, bis es schließlich weich geworden. Alle die mit Speichel durchtränkten, gekauten Ballen werden in durchlöcherten mit Gras ausgelegten Cocosschalen gesammelt und ausgepreßt, worauf der dickliche graugrüne Saft in einer anderen Schale aufgefangen und aus eigens dafür bestimmten Bechern getrunken wird. Nach A. B. Meyer wird dieser Trank unter dem Namen *kawa* auf allen Inseln der Südsee getrunken.

Zeit und Zusammensetzung der Mahlzeiten.

Da es bei der großen Verschiedenheit der Sitten und Gebräuche im Indischen Archipel je nach der Oertlichkeit schwer sein würde, ein richtiges Bild davon zu entwerfen, so seien hier besonders die Verhältnisse auf Java besprochen, und zwar sind, soweit es die Eingeborenen betrifft, die in den *kampongs* wohnenden, nicht die bei einer europäischen Herrschaft in Diensten stehenden gemeint.

In einer inländischen Haushaltung wird einmal am Tage gekocht und zwar ziemlich früh morgens; es werden täglich zwei Mahlzeiten, die eine gegen 11 Uhr früh, die andere um Sonnenuntergang gehalten. Dieselben bestehen in einer großen Quantität Reis, wie schon früher gesagt, hart gekocht und kalt gegessen, wozu stets Salz, Paprikapfeffer, *trasi* (siehe Seite 78) und meist etwas in Wasser gekochtes grünes Gemüse genossen wird. An Markttagen ist die Tafel noch um etwas getrockneten oder gesalzenen Fisch bereichert und zwar kommt dieser Luxus einmal in fünf Tagen vor. Morgens früh wird ein Schälchen ziemlich dünnen Kaffees oder Wassers, beides mit etwas Zucker, getrunken, und wenn die Mittel es erlauben, das eine oder andere Reisgebäck, sowie im Laufe des Tages etwas Obst oder eine rohe Gurke gegessen. Man rechnet durchschnittlich pro Tag auf den Erwachsenen 617 Gramm Reis; wenn diese Menge auch den Bedarf an Kohlenhydraten und Fetten deckt, so fehlt doch noch fast 3/4 von den dem Menschen täglich nöthigen 130 Gramm Eiweiß, und diese müssen eben durch die Zuthaten, Fleisch, Fisch u. s. w. ergänzt werden. Der Nährwerth dieser Kost ist also nicht gerade ungenügend zu nennen. Bei Reicheren ist der Tisch reichlicher besetzt und kommt besonders noch frisches oder getrocknetes Fleisch dazu. Nur bei Festmahlen findet man eine größere Abwechselung in den Speisen, und werden dann auch Teller benutzt, welche gewöhnlich durch ein Stück Pisangblatt oder andere große Blätter ersetzt werden. Diese Festmahle finden wenigstens 12 Mal jährlich aus Anlaß ländlicher Ereignisse und sonst zu bestimmten Zeiten, vor, bei und nach jeder Geburt, nach einem Sterbefall u. s. w. Statt, und Jeder, der daran Theil nimmt, hat seinerseits etwas dazu zu liefern. Dadurch kosten diese üblichen Festessen ziemlich viel Geld und man kann auch bei mäßiger Berechnung annehmen, daß ein nicht gerade reicher Eingeborener

$^1/_{12}$ bis $^1/_{11}$ dessen, was ihm seine Haushaltung das ganze Jahr an Nahrung kostet, allein an diese sogenannten *sedekah*'s ausgiebt. Daß infolge dieser großen außerordentlichen Ausgaben die Qualität der alltäglichen Kost leidet, ist selbstverständlich.

Das Essen selbst geschieht mit den drei ersten Fingern der rechten Hand, der Reis und die Zuspeisen sind jedes für sich auf einer Anzahl Schüsselchen oder Baumblätter vor und um den Speisenden aufgestellt, der abwechselnd von Allem nimmt und sich von Zeit zu Zeit in einem dabei stehenden Töpfchen mit Wasser die Hand abspült oder anfeuchtet. Nur für flüssige Zuspeisen wird ein kleiner, steinerner, ziemlich tiefer Löffel mit sehr kurzem rinnenförmig ausgehöhltem Stiel benutzt, Fleisch und Fisch werden mit den Fingern zerlegt, allenfalls für Früchte mit fester Schale nimmt man ein Messer inländischer Arbeit in Gebrauch.

Die strenge Befolgung der Vorschriften Mohammed's betreffs des Fastens, des *poewasa*, während dessen einen Monat lang am Tage nicht einmal der Speichel verschluckt werden darf, das übermäßige Essen während dieser Zeit nach Sonnenuntergang, und später nach Beendigung dieser Fastenzeit bringen vielfach Darmerkrankungen mit sich. Uebrigens kann man im heißen Klima länger als im kühleren fasten, weil weniger Wärmeverlust des Körpers stattfindet.

Europäer essen gewöhnlich drei Mal am Tage, Morgens um 7 Uhr, Mittags um 1 und Abends um 7 oder 8 Uhr. Die Zusammenstellung der Mahlzeiten ist je nach der Oertlichkeit und nach den finanziellen Verhältnissen sehr verschieden, sodaß an kleinen Orten und in bescheidener Vermögenslage Reis mit Huhn und etwas Grünem das Hauptgericht der drei Mahlzeiten bildet, während sich in größeren Städten und besseren Verhältnissen mehr Abwechselung anbringen läßt.

Man beginnt den Tag in der Regel mit einer Tasse Caffee oder einem Glase Milch, auch Selterwasser wird öfter getrunken und verdient Anempfehlung. Das Frühstück um 7 Uhr besteht aus Brod, Eiern, Fleisch u. s. w. mit Thee oder Caffee und wird nach Geschmack und Umständen modifizirt. Leute, die zu Hause arbeiten oder gegen 1 Uhr zu Tisch nach Hause kommen, halten dann die Reistafel ab, deren Umfang wieder sehr verschieden ist, da viele nach dem Reis mit Zubehör noch Braten mit gekochten oder gebackenen Kartoffeln, Gemüse oder Salat genießen. Wer auf seinem Bureau oder in sonstigen Arbeitslocalitäten seine Mittagsmahlzeit einnimmt, ißt das

Reisgericht, oder auch Brod mit Fleisch und Früchten oder auch ein einfaches kaltes Essen nach europäischer Manier. Gegen 3 Uhr wird Thee getrunken und Abends um 7—8 Uhr beschließt ein gewöhnliches europäisches Essen den Tag, welches aber bei den Meisten reichhaltiger ist, als sie es in Europa gewöhnt gewesen sind. In den letzten Jahren ist Eiswasser im Laufe des Tages das Hauptgetränk geworden und beim Abendessen wird oft noch ein Glas Wein getrunken.

In den Kasernen wird früh zwischen 5 und 6 Uhr gefrühstückt und die übrigen Mahlzeiten um 10 Uhr Morgens und 3½ Uhr Nachmittags gehalten. Die Kost der Soldaten ist genügend und sogar reichlich zu nennen, speziell lebt der eingeborene Soldat im Vergleich zum *kampong*-Bewohner in den besten Verpflegungsverhältnissen, da er als tägliche Ration bekommt: 650 Gramm Reis, 250 Gramm frisches Rind- oder Büffelfleisch oder statt dessen entsprechende Quantitäten getrockneten, Salz- oder Büchsenfleisches oder getrockneten Fisches, 40 Gramm Caffee, 25 Gramm Salz und 5 Gramm Essig. Der europäische Soldat erhält weniger Reis, aber mehr Fleisch und 200 Gramm Brod.

Die Mischlinge essen meistens Reis und folgen überhaupt in dieser Beziehung viel mehr inländischen, als europäischen Gewohnheiten. So viel Luxus auch bei den Mahlzeiten bestehen möge, so muß doch für den größten Theil der europäischen und halbeuropäischen Bevölkerung, besonders für das weibliche Element derselben, der Nährwerth der Nahrung als ungenügend betrachtet werden, da die nöthige Menge Eiweiß und Fett darin fehlt. Reis, 2 bis 3 Mal am Tage genossen, ist das Hauptessen; kommt Fleisch und Fisch überhaupt auf den Tisch, so werden nur minimale Mengen davon gegessen; außerdem früh eine Tasse Kaffee, im Laufe des Vormittags etwas Gebäck aus Reis und Früchte, und sonst nur noch Reis, das ist in vielen Haushaltungen ziemlich Alles. Der Grund dafür liegt einmal in der Neigung der meisten weiblichen Mischlinge, inländischen Gebräuchen zu folgen, und dann auch in dem Umstande, daß die meisten Männer um die Mittagszeit nicht zu Hause sind, sondern ihr Essen an den Ort ihrer Thätigkeit gebracht wird, und die Frauen sich aus Bequemlichkeit jede größere Mühe, für sich und ihre Kinder ein ordentliches Essen zu schaffen, zu ersparen suchen.

Die Chinesen pflegen 3 Mal am Tage und zwar früh 7 Uhr, Mittags um 12 und Abends um 7 Uhr zu essen, meist gekochten

Reis mit viel Fisch, Schweinefleisch und grünem Gemüse, niemals Rindfleisch. Außerdem sind sie große Liebhaber von Obst und bezahlen viel Geld für seltene oder besonders schmackhafte Früchte. Bei Festessen suchen sie möglichst dem Geschmack ihrer Gäste gerecht zu werden, und so findet man nicht selten dabei neben einem reichlichen echt chinesischen Menu auch ein nicht minder reichliches europäisches für die übrigen Gäste. Um ein Bild zu geben, was auf solch' einer chinesischen Festtafel Alles vertreten ist, möge hier eine Aufzählung der Gerichte eines chinesischen Diners folgen, welches von Gray und dessen Gattin zu Canton mitgemacht und von ihm beschrieben wurde; gleich reichbesetzte Tafeln trifft man auch bei den Chinesen in Indien an. Bei jedem Couvert stand Pfeffer, Salz, Zucker und Soja; aufgesetzt waren und wurden nach Belieben genommen: in Stücken geschnittene Apfelsinen und Birnen, bittere Mandeln, getrocknete Nüsse, kleine Stückchen Enten- und Schweinefleisch, grün gefärbte hartgesottene Eier; herumgereicht wurden und zwar in der aufgezählten Reihenfolge: Fleisch von Seeschildkröten, gekochte Ente, gehacktes Taubenfleisch mit Schinken, Suppe mit Vogelnestern, gedämpftes Schaffleisch mit jungem Bambu, Austern und Muscheln, gekochte Krabben, gedämpfter Fisch, Thee mit Kuchen, Huhn mit Schinken, Schildkrötensuppe mit Fettstückchen von Schildkröten, Haché von Hundefleisch, gedämpftes Fleisch einer schwarzen Katze, desgleichen Rattenfleisch, Suppe mit Maccaroni, gesottener Fisch, desgleichen Eier, kleine Stückchen Schweinefleisch, Schinken mit grünem Gemüse, Reisstengel, gekochter Reis, Melonen, betrunkene Garneelen (s. Seite 79) und zum Schluß noch verschiedene Arten Suppen.

Was die Kinderernährung anbetrifft, so wurde das Verfahren bei den Eingeborenen schon früher besprochen. Europäische Kinder werden, wenn die Mutter nicht selbst stillt, durch eine Amme, fast immer eine Eingeborene, genährt, wobei der Umstand, daß fanatische Mohammedaner die Frau, welche ein christliches Kind gesäugt hat, für unrein halten, sehr erschwerend bei der Wahl einer geeigneten Person wirkt. Die infolge dessen nur aus den niedersten Sphären der Gesellschaft stammenden Ammen lassen sich schwer den Begriff europäischer Reinlichkeit beibringen und als Regel gilt, daß sie vor dem Beginn ihrer Function tüchtig abgeseift werden, ihr Haar in der früher beschriebenen Weise gesäubert und ein ganz neuer Anzug angelegt wird. Sie bedürfen ferner fortgesetzter Aufsicht in Bezug auf Reinhaltung und Ernährungsweise, und dürfen nicht allein ohne zuverlässige Controlle das Haus verlassen, da es nur so gelingt, den Mißbrauch von Spirituosen und betäubenden Mitteln (Opium) behufs Beruhigung des Kindes und außerdem ein baldiges wieder Mutterwerden der Amme zu verhüten. Der Geldpunkt ist auch sehr zu erwägen, da in Batavia z. B. eine Amme an Lohn, Nahrung, Kleidung u. s. w. ungefähr 100 Gulden (à 1,69 Mark) monatlich kostet. Als Ersatz für Muttermilch dient besonders Ziegenmilch, zuweilen auch Pferde- und Hundemilch, letztere wohl nur bei Chinesen, dann auch die condensirte Milch in Blechbüchsen an Stellen, wo überhaupt keine frische zu haben ist. Die sonstigen künstlichen Ernährungsmittel für Säuglinge kommen hier nicht in Betracht. Größere Kinder haben meist wenig Appe'it und die Mütter klagen allgemein über die große Mühe, mit der sie dieselben zum Essen bringen müssen; dazu kommt noch die Gewohnheit vieler, besonders Mischlinge, keine regelmäßige Essenszeit innezuhalten, sondern den Kindern nach Belieben und ohne sie sich dazu hinsetzen zu lassen, inländisches schwer verdauliches Gebäck aus Reis zu verabfolgen. Ein sehr alltäglicher Anblick ist es, daß den im Freien spielenden Kindern die Kinderfrau mit einem Teller mit Reis nachläuft und ihnen ab und zu einen Löffel voll hinreicht.

Genußmittel.

Unter dieser Bezeichnung sollen die allgemein gebräuchlichen Sitten des Tabakrauchens, des Sirih-Kauens und des Opiumgenusses besprochen werden.

Von Europäern werden sehr viel Cigarren geraucht, und zwar bis vor wenigen Jahren nur Manilla-, neuerdings auch viel Havannah-Cigarren oder was als solche verkauft wird; ferner Cigarretten aus der Fabrik Laferme und fast ausschließlich aus Europa eingeführter Tabak aus Pfeifen. Auch der Java'sche und Sumatra-Tabak hat einige gute Sorten, darunter der letztere eine außergewöhnlich schwere und nur in Form von Cigarretten rauchbare. Diese haben als Deckblatt nicht immer Tabakblätter, sondern auch solche von Palmen, Mais u. s. w. und auch das Aufbewahren von feingeschnittenem Tabak geschieht bei Inländern in Blättern anderer Pflanzen.

Europäer rauchen in Indien mehr als in ihrer Heimath, vielleicht zum Theil deswegen, weil die Räume des Hauses so sehr mit der freien Luft communiciren, daß der Tabakrauch in denselben nicht so leicht belästigt. Die Chinesen rauchen feingeschnittenen, zuweilen parfümirten Tabak, sogenanntes Affenhaar, aus ziemlich langen Pfeifen aus Bambu mit silbernem oder kupfernem Mundstück und sehr kleinem Kopf aus gleichem Metall, welcher in wenigen Zügen leer geraucht ist. Die Araber bedienen sich der bekannten Nargileh-Pfeife mit Wasserreservoir und langem elastischen Rohr; es würde ein Verstoß gegen die Etikette sein, einige angebotene Züge daraus abzulehnen.

Das Sirih-Kauen ist unter den Inländern jeden Standes und beider Geschlechter allgemein, so daß sogar in Krankenhäusern die Ingredienzen dazu richtig abgemessen an die Kranken verausgabt werden. Höchstens enthalten sich dessen Frauen, die viel mit Europäern in Berührung kommen; sonst beginnt man mit dieser Gewohnheit zwischen dem 10. und 15. Lebensjahr. Auch Mischlinge, und bei ihnen gerade Frauen, kauen öfter Sirih. Die denselben zusammensetzenden Bestandtheile sind zunächst die Blätter der Sirih- oder Betel-Pflanze, eines Schlinggewächses, welches an den Stämmen anderer Baumarten, die eigens hierzu angepflanzt werden, emporwächst. Man unterscheidet zwei Sorten Sirih, den rothen mit dem schärfsten

Aroma und den weißen. Weitere Ingredienzen sind feiner Muschelkalk, Catechu, Betelnuß und Tabak, welche alle in dazu eingerichteten Dosen von Holz oder Metall, bei Reichen oft von Silber oder Gold in zwei Abtheilungen derselben mitgeführt werden. In der einen Abtheilung sind die Sirih-Blätter enthalten, in der andern sind die übrigen Stoffe in kleinen Döschen und Kästchen untergebracht, und außerdem ein Messerchen in der Form eines kleinen Hackmessers zum Schneiden der Betelnuß. Es wird nun auf zwei oder drei aufeinander gelegte Sirih-Blätter, deren Stiel und Spitze entfernt wurde, ein wenig nasser Kalk aufgetragen, ein Stückchen Betelnuß mit oder ohne Catechu und etwas Tabak hineingerollt, die Blätter zusammengefalten und das Ganze gekaut. Besonders wenn kein Catechu darin enthalten ist, bekommt der Speichel eine rothe oder schmutzig-braunrothe Farbe, wird aber niemals heruntergeschluckt, sondern in ziemlicher Quantität angesammelt mit kräftigem Strahl ausgespieen und zwar im Hause in nicht selten von edlem Metall gefertigte und schön ausgeführte Spucknäpfe. Außerdem wird, während der Sirih im Munde gekaut wird, noch etwas Tabak zwischen Zähne und Lippen gebracht, welcher beim Speien und Sprechen aus dem Mund genommen und zwischen den Fingern ausgepreßt, oder auch mit der Zunge zwischen Zahnfleisch und die sich dadurch verwölbende Oberlippe geschoben wird. Ein Berichterstatter sagt über seine Wahrnehmungen beim Sirih-Kauen: „Catechu oder Kalk allein würden widerlich schmecken, mit Betelnuß ist der Geschmack schon etwas besser, aber erst durch das Hinzufügen des frischen Sirih-Blattes entsteht das wahre ensemble, das zusammenziehende, reizende, halb peinliche, halb wollüstige Gefühl, welches Hunger und Durst vergessen läßt und das ganze Nervensystem in Beschlag nimmt.“

Die schon besprochenen Veränderungen des Mundes und seiner Umgebung geben den Gesichtern der Sirih-Kauer einen eigenthümlichen Ausdruck. Die Sitte scheint nicht gerade schädlich zu sein, doch bekommt die ausgeathmete Luft dadurch einen weniger angenehmen Geruch, den man durch Kauen von Cardamom zu verbessern sucht, obgleich man die Ueberzeugung hat, daß die Athemluft durch Sirih-Kauen gereinigt wird.

Welchen Umfang der Verbrauch von Opium im Indischen Archipel hat, erhellt aus der Thatsache, daß unter den Eingeborenen eine fictive Münze, *gelenga*, besteht, welche einen Werth von 6 Centimes,

d. h. den Preis der kleinsten noch käuflichen Quantität Opium repräsentirt. Sogar arme *kampong*-Bewohner verbrauchen ungefähr 11—12 Gulden jährlich an Opium und man kann ferner annehmen, daß der gewöhnliche Javane fast den 5. Theil dessen, was er für sein Hauswesen an täglichem Unterhalt nöthig hat, dem Opiumgebrauch opfert. In einzelnen Theilen Indiens kommt dieser gar nicht oder nur sehr selten vor, so auf Java in den Preanger-Regentschaften, wo die Einfuhr von Opium verboten ist. Während der Sundanese kein Opium raucht, kommen einzelne Fälle von Uebertretung dieser Bestimmungen unter dort ansässigen Javanen oder anderen Fremden vor.

Zum Opiumrauchen bedarf es einer Pfeife, eines Oellämpchens, wozu häufig eine halbe Cocosnußschale in der früher beschriebenen Weise verwendet wird und das käufliche bereits fertig zubereitete Opium; letzteres geschieht, indem das unpräparirte Opium in warmem Wasser aufgelöst, die Lösung durch ein Tuch filtrirt und dann langsam abgedampft wird. Der Rückstand wird mit etwas Zucker vermengt, ein wenig feingeschnittener Tabak hinzugefügt und nun daraus kleine Kügelchen von Erbsengröße geformt, die zum Rauchen fertig sind. An Stelle von Tabak setzt man auch feingeschnittenes chinesisches Papier, ein Stückchen Pisang, Haschisch (Präparat des indischen Hanfes), Opiumasche u. A. zu. Statt dieser frisch bereiteten Kügelchen begnügen sich ärmere Leute mit dem ausgeschabten Rückstand der Pfeifen; hier und da setzt man auch aromatische Stoffe dem präparirten Opium zu. Die Opiumpfeife besteht aus einem mäßig dicken Stück Bambu, welches an einem Ende geschlossen und zuweilen mit schönen Schnitzereien verziert ist. Dicht am geschlossenen Ende ist in eine kleine Oeffnung der Pfeifenkopf von der Form eines kleinen Schälchens oft mit einer rundlichen Verdickung darunter eingesetzt, der aus Holz, Horn, Elfenbein, Thon, mit Eisen, Silber oder Gold beschlagen oder ganz aus diesen Metallen verfertigt ist. In dieses Köpfchen wird das Opiumkügelchen gelegt und etwas festgedrückt, an der Lampe angebrannt und nun durch Ziehen am offenen Ende des Bambu geraucht, wobei ein leicht zischendes Geräusch entsteht. Das Rauchen geschieht nicht immer gleichmäßig, entweder wird der Rauch nur einige Augenblicke im Munde gehalten und dann meist durch die Nase wieder weggeblasen, oder er wird heruntergeschluckt oder in die Luftröhre aufgezogen und erst nach einiger Zeit wieder fortgegeben.

Ist die Pfeife nach 10 bis 12 Zügen leer geraucht, so legt der Raucher sich nieder, um zu schlafen, und zwar ruhig zu schlafen, ohne eigentliche Vergiftungserscheinungen zu zeigen. Ueber die Wirkungen des Opiumrauchens hat Dr. Maclay an sich selbst unter Controlle des Dr. Clouth in Hongkong interessante Versuche angestellt und veröffentlicht, woraus hervorgeht, daß die ersten Pfeifen nur sehr wenig Effect hatten und erst bei der 22. Pfeife das Gefühl von Wohlbehagen entstand, dem sich bei den nächsten noch Verminderung der Puls- und Athemfrequenz zugesellte. Maclay rauchte in 2¾ Stunden 107 Gran präparirtes Opium aus 27 Pfeifen ohne üble Nachwirkung und beschreibt die Resultate seiner Versuche folgendermaßen: „Man muß zur Erzielung einer in's Auge fallenden Opiumwirkung jedenfalls länger als eine Stunde ununterbrochen rauchen, und zwar zeigen sich zunächst die Bewegungsorgane und dann die Nervencentra afficirt. Die Sinnesorgane, Gesicht und Gehör, empfangen verkehrte Eindrücke, doch treten weder Hallucinationen, noch Träume u. s. w. beim Opiumrauchen auf (die Erfahrungen van der Burg's wie die vieler Anderer lehren das Gegentheil). Die Gehirnthätigkeit ist eher unterdrückt als angeregt, das Denken wird immer langsamer und mühsamer, das Erinnerungsvermögen nimmt ab und schließlich denkt man an Nichts mehr. Hat man eine genügende Quantität Opium geraucht, so geräth man in einen ganz eigenartigen Zustand der tiefsten Ruhe, man hat ein Gefühl, daß man nach Nichts, absolut gar Nichts, verlangt. Da man sich an gar Nichts erinnert, an gar Nichts denkt, Nichts wünscht, so ist man in einem Zustande, wo man das Bewußtsein des eigenen „Ich" völlig verloren. Dies Gefühl der Ruhe und des Nichts weiter Verlangens ist so anziehend und wohlthuend, daß man es bedauern sollte, aus diesem Zustand wieder zu erwachen."

Die Ansichten über den Einfluß mäßigen Opiumrauchens auf die Gesundheit sind ebenso verschieden, wie die über den des Alkoholgenusses. Es geschieht seitens der Reicheren in ihren eigenen Wohnungen, während weniger Bemittelte sich hierzu in ein besonderes, sehr einfach aus Bambu aufgeführtes Local begeben, die sogenannte *Opiumkit* (etwa Kneipe, Schänke), wo eine *balé-balé*, eine niedrige breite Bank, mit einigen Kopfkissen das ganze Ameublement ausmacht.

Einzelne wenige Eingeborene genießen etwas Opium in Caffee gelöst oder Haschisch (von Cannabis indica, indischer Hanf) in Form von Getränken, Cigarretten oder Kautabak.

(In einem besonderen Anhange bespricht van der Burg hier die sich auf das Geschlechtsleben beziehenden Genußmittel, deren sich die indischen Völker bedienen. Ich halte diesen Gegenstand als für weitere Kreise nicht geeignet und nur in streng wissenschaftliche Werke passend, und gehe deshalb hier darüber hinweg mit dem Hinzufügen, daß in Virchow's Archiv für pathol. Anatomie 2c. 95. Band 1884 Näheres darüber zu finden ist. D.)

Körperbewegung und Ruhe.

Es wird in der Regel in Indien von Europäern, Armeniern und Chinesen viel gearbeitet, von den Inländern wohl auch, aber sehr unregelmäßig, da nur zu gewissen Zeiten des Jahres der Ackerbau angestrengtere Arbeit verlangt oder Frohndienst geleistet werden muß. Von den Eingeborenen kann mit sehr wenigen Ausnahmen behauptet werden, daß sie wenig und zwar nicht mehr thun, als zum Lebensunterhalt nöthig ist, und dazu gehört nicht viel: der fruchtbare Boden liefert ohne große Mühe reichliche Nahrung, an Kleidung ist nicht viel nöthig, Heizung ist unbekannt, und so reicht ein kleiner Verdienst schon zum Leben aus, an's Sparen denkt dabei von der niedern Volksclasse kaum Jemand. Beim Hausbau oder bei der Feldarbeit helfen sich übrigens die Bewohner und Besitzer gegenseitig.

Trotzdem macht sich der Eingeborene Bewegung genug, er legt erstaunliche Entfernungen zu Fuß zurück, auch mit schweren Lasten beladen, und ist auch ein guter Reiter, sowie ein muthiger, fast leichtsinniger Jäger. Man schließe aus der Thatsache, daß das Hauptnahrungsmittel, der Reis, nur wenig Nährwerth hat, durchaus nicht darauf, daß der Eingeborene wenig Muskelkraft und Arbeitsvermögen besitze, im Gegentheil verrichtet er, wenn es sein muß, auch mit Ausdauer schwere Arbeit, will aber hierbei beaufsichtigt und gut bezahlt sein. Er schläft, wie es gerade paßt, zu jeder Stunde des Tages und an jedem Orte, mit oder ohne Kopfkissen in Form eines kleinen Rollkissens, und bindet sich gar nicht an Nachtruhe; bei hellerem Mondschein sitzt man zuweilen fast die ganze Nacht hindurch zusammen und zumal bei Festen denkt man gar nicht an Schlaf. Andererseits lassen sie sich manchmal am Tage durch den größten Lärm nicht in ihrer Ruhe stören, weshalb sie sich besonders zu Arbeiten in der Nacht, Nachtwachen u. s. w. eignen.

Die Chinesen leben regelmäßiger und gehen um 8½ Uhr Abends zu Bett, um Morgens um 5 Uhr aufzustehen. Sie sind sehr thätige Leute und haben besonders als Handwerker Körperbewegung genug.

Was die Europäer anbetrifft, so ist bei ihnen der Wechsel zwischen Ruhe und Bewegung, Schlafen und Wachen, sehr verschieden; wohl die Meisten machen sich zu wenig Bewegung, wie dies häufig in der Art ihrer Beschäftigung liegt. Doch ist die in Europa verbreitete Ansicht, daß das heiße Klima als solches das Maß körperlicher und geistiger Arbeit vermindert, eine irrige; es giebt nur wenige, die ein bequemes Leben führen können. Beamte arbeiten allerwenigstens von 8 Uhr Morgens bis 3 Uhr Mittags und in einer höheren Stellung als etwa blos Schreiber auch Abends zu Hause noch, Kaufleute gehen gegen 9 Uhr in ihr Geschäftslocal und kehren um 5 oder 6 Uhr wieder heim, während manche auch noch Abends zu thun haben. Bei großen Bauten sind alle dabei Angestellte volle 12 Stunden von den 24 Tagesstunden in Arbeit, in der Landwirthschaft werden die frühen Morgen- und die Nachmittagsstunden zu den Beschäftigungen im Freien, die übrige Zeit für administrative Arbeiten verwendet, in den Zuckerfabriken wird während der Erntezeit die Thätigkeit die Nacht hindurch fortgesetzt u. s. w., kurz und gut, der Europäer in Indien erfreut sich nur geringer Muße.

Läßt es sich irgend ermöglichen, so thut besonders der auf eine sitzende Lebensweise Angewiesene gut, in den frühen Morgen- oder kühleren Abendstunden einen Spaziergang zu machen, zu reiten oder Gymnastik zu treiben; besonders das Reiten eignet sich hierzu als wirksame und nicht besonders ermüdende Körperbewegung. Eine solche ist nöthig, um durch Anregung der Herzthätigkeit den Blutcongestionen, einer später noch zur Besprechung gelangenden Wirkung der klimatischen Einflüsse, entgegenzuarbeiten. Rudern und Billardspielen sind nicht minder nützlich, das letztere ist auch Frauen anempfehlenswerth, welche überdies allzusehr des Müssigganges beschuldigt werden; nichtsdestoweniger findet sich in einem indischen Haushalt für eine emsige, pflichtgetreue Hausfrau Arbeit genug und zwar Arbeit, die man nicht im Lehnstuhl sitzend verrichten kann, daher denn auch das von einer solchen entworfene Bild, welches eine dicke Person schildert, die, einen Schlüsselbund über die Schulter gehängt, sich vom Bett nach dem Schaukelstuhl hin bewegt und nur im Bade etwas auflebt, immer mehr an Berechtigung verliert. Jetzt, wo sich die Zahl der Leute mit großen Reichthümern immer mehr verringert, tritt die Nothwendigkeit, zu arbeiten, auch an die Frauen mehr und mehr heran. Die Engländer verfahren auch in dieser Beziehung ganz systematisch und machen sich regelmäßige Körperbewegung durch Spaziergänge, Reiten, Croquetspielen u. A. Das möglichste Vermeiden regelmäßiger Bewegung ist nicht immer eine Folge des deprimirenden Klimaeinflusses, sondern vielmehr einer gewissen Trägheit: im Gegentheil, wer bei seiner Ankunft in Indien gleich eine anstrengende Thätigkeit findet, ist gewöhnlich gesünder als der, welcher die erste Zeit im Lehnstuhl sitzend verbracht hat.

Wie viel Schlaf Jemand braucht, richtet sich nach seiner Constitution, gewöhnlich rechnet man 8—9 Stunden Nachtschlaf, doch ist außerdem noch 1—2 Stunden Schlaf zur Mittagszeit sehr zu empfehlen.

Eine bei den Eingeborenen allgemein, unter Mischlingen und Europäern häufig geübte passive Bewegung besteht in einer Art Massage des ganzen Körpers, die in der Regel von ältern inländischen Frauen ausgeführt wird. Abgesehen von Krankheitszuständen wendet man sie mit vortrefflichem Erfolg bei großer Muskelermüdung an. Die Methode besteht in einem höchst schmerzhaften Kneipen ganzer Muskelgruppen mit der vollen Hand und Reiben mit dem Daumen, wobei die alten Weiber mit bewundernswerther Kraft und Ausdauer zu Werke gehen, daran schließt sich ein gewaltsames Beugen und Strecken der Gelenke, wobei man die dadurch entstehenden knackenden Geräusche als besonders angenehm begrüßt. Nach der Operation tritt das Gefühl von Wohlbehagen und ein angenehmes Kribbeln in den behandelten Körpertheilen ein, Ermüdungs- und Schmerzgefühl durch congestive Zustände entstanden, verschwinden und der Bearbeitete bedauert keinen Augenblick das Opfer, welches er zur Erduldung der kurzen Pein hat bringen müssen. Das Verfahren kann übrigens durch Mißbrauch so zum Bedürfniß werden, daß Manche nicht schlafen können ohne diese Procedur. Bei rein örtlichen Schmerzen wird eine Ableitung auf die Haut dadurch geschaffen, daß dieselbe lange und leise mit einem Cent (Geldstück) gerieben wird, bis eine leichte Schwellung entsteht.

Das Fahren spielt in Indien wegen der großen Entfernungen eine bedeutendere Rolle und manche Berufsarten sind ohne Benutzung von Wagen gar nicht auszuüben. Spazierfahrten unternimmt man meist früh Morgens zwischen 6 und 8 Uhr, wo die Sonne aber schon recht lästig werden kann, auch Nachmittags und Abends, doch sind Manche gegen den abendlichen Landwind etwas empfindlich. Da sogar hellerer Mondschein bei unbedecktem Kopfe Kopfschmerz erzeugen kann, so bedient man sich dabei vielfach eines Sonnenschirms. Gegenüber den modernen zweirädrigen dos-à-dos sind vierrädrige Wagen unbedingt vorzuziehen, weil man sich in ihnen mehr gegen die Luftströmung schützen kann; besonders Frauen lieben es sehr, früh Morgens nur mit Sarong und Jacke bekleidet im dos-à-dos spazieren zu fahren, wobei dann der Sarong ballonartig aufgeblasen erscheint und durch die Abkühlung der unteren Körperhälfte mannigfache Krankheitszustände entstehen können.

Wiegen sind in Indien glücklicherweise nur bei den Chinesen in Gebrauch, deren Kinder stets gewiegt werden, doch gewöhnen manche Wöchnerinnen die europäischen Kinder daran, durch Schaukeln auf einem Schaukelstuhl einzuschlafen. Die Letzteren sind in jeder Haushaltung vorhanden und stets in der Vordergallerie, dem üblichen Platz zum Empfang von Besuchen, aufgestellt. Solcher Stühle mit einer Vorrichtung zum Hochlegen der Beine, sogenannter „Faullenzer", bedienen sich die Europäer fast stets und zwar liegt das Bedürfniß dazu in dem Gefühl der Schwere in den Beinen, welches durch die infolge des Tropenklima's verursachte Erschlaffung der Blutgefäßwände und dem Stauen des Blutes seiner Schwere nach nach unten zu Stande kommt; bei Frauen erfährt diese Sitte natürlich durch die Etikette einige Beschränkung. Von Eingeborenen bedienen sich nur die Gebildeteren derartiger Stühle; haben sie das Bedürfniß, die Beine einmal auszustrecken, so legen sie sich auf ein *balé-balé*, sonst ist ihre beliebteste Sitzart die mit kreuzweis untergeschlagenen Beinen oder ein einfaches wunderbar ausdauerndes Niederhocken.

Ganz kleine Kinder von Eingeborenen werden gewöhnlich in einem grobgeflochtenen, zuweilen an Stricken aufgehängten Korb gebettet, statt dessen benutzt man auch manchmal aus Sarongs oder sonstigen Cattunstücken hergestellte Hängematten. Die Kinder der Europäer werden die ersten Monate auf einer sehr dünnen Matratze getragen, auf welcher sie auch schlafen, nachdem zum Schutze gegen Muscitos über dieselbe ein mit Gaze bekleidetes kleines Zelt von Eisen oder Rotan aufgestellt wurde, welches nach Art eines Wagenverdecks in einander geschlagen werden kann.

Können die etwas älteren Kinder noch nicht oder noch nicht gut genug laufen, so werden sie in einem langen Tuche getragen, welches gewöhnlich auf der rechten Schulter der Trägerin durch einfaches Einstecken des einen Endes befestigt wird; eine Art von Befestigung, über deren Halten man sich schier verwundern muß. In dem so an der linken Seite der Trägerin gebildeten Sack wird das Kind rittlings auf der Hüfte der Frau untergebracht; diese Methode ist für beide Theile bequem und ohne Nachtheil, wenn man davon absieht, daß sich zuweilen durch Unreinlichkeit verbunden mit der Reibung der beiden Körperflächen an einander Hautkrankheiten entwickeln können. Auf der rechten Seite tragen inländische Frauen ihre Kinder nie, in dem Glauben, daß dieselben dadurch früher sterben müssen.

Acclimatisation.

Als kurze Ueberschrift dieses Capitels wurde das Wort Acclimatisation gewählt, weil es wenigstens ungefähr den zu besprechenden Inhalt benennt. Auf alles bisher Gesagte gestützt, soll nämlich nunmehr erörtert werden, welchen Einfluß alle die besprochenen Verhältnisse auf den Menschen ausüben, also nicht, wie dies aus der Ueberschrift geschlossen werden könnte, nur der Einfluß des Klimas und die Gewöhnung an dasselbe betont werden. Sicherlich wird von vielen Autoren der letztere Einfluß allzusehr hervorgehoben und dabei die übrigen Momente nicht genügend gewürdigt, so daß manche Erscheinungen dem Klima zugeschrieben werden, für welche eigentlich wohl andere Ursachen aufzusuchen sein würden.

Natürlicherweise offenbart sich der günstige oder ungünstige Einfluß des Aufenthalts in einem Lande am deutlichsten bei Individuen, welche in demselben nicht einheimisch sind, und so werden auch hier diese Verhältnisse besonders bei Europäern und Chinesen in den Vordergrund treten. Die schon oft angeregte Frage, ob der Mensch überhaupt in allen Himmelsstrichen zu leben und sich fortzupflanzen vermöge, muß im allgemeinen Sinne bejahend beantwortet werden, da ja doch überall Menschen leben; eine andere, wichtigere Frage, eigentlich die eben beregte besser formulirt, ist die: Kann eine Menschenrasse, welche bisher in einem gewissen Klima gelebt und sich dessen Eigenartigkeit angepaßt hat, ohne Nachtheil für das Individuum und mit der Möglichkeit sich fortzupflanzen in eine andere Himmelsgegend verpflanzt werden?

Für die Möglichkeit einer solchen Uebersiedelung ohne Nachtheil für ein einzelnes Individuum dient eine große Anzahl von Menschen als Beweis; gleichwohl ist nicht jedes Individuum ohne Weiteres geeignet, eine wesentliche Veränderung des Klimas und dessen, was damit zusammenhängt, zu ertragen, ohne einige Folgen davon für seinen Gesundheitszustand zu empfinden, und schließlich sind Manche vermöge ihrer Körperbeschaffenheit überhaupt zu einem solchen Wechsel nicht befähigt. Daß es außerdem sehr viele Gegenden, nicht nur an Küsten, sondern auch im Innern eines Landes giebt, welche sowohl dem Einwanderer, wie auch dem Eingeborenen gesundheitsgefährlich sind, ist ferner noch zu berücksichtigen.

Den besten Anhalt für die Beurtheilung dieser Verhältnisse würde eine genaue Statistik der Todesfälle und ihrer Ursachen in fremden Ländern bieten; betrachten wir aber, auf welchen Grundlagen z. B. in Indien die Statistik im Allgemeinen aufgebaut wird, so können wir leider nicht umhin, die Unzuverlässigkeit der gefundenen Zahlen zu betonen. Für zuverlässig darf man hier nur die für die Armee festgestellten Sterblichkeitsziffern halten: will man jedoch aus ihnen einen brauchbaren Schluß folgern, so müßte man einen größeren Zeitraum in Rechnung ziehen, um den Einfluß auszugleichen, welchen außerordentliche Verhältnisse, kriegerische Unternehmungen u. s. w. vorübergehend auf diese Zahlen haben. Jedoch liegt ein besonderer Werth der Armee-Statistik in dem Umstande, daß dabei Europäer (auch mit Ausschluß der Neger, die im Uebrigen in der Armee als Europäer betrachtet werden) und Eingeborene auseinander gehalten werden, während beide Rassen doch fast gleichen äußeren Verhältnissen ausgesetzt sind, also ein Vergleich wohl berechtigt und begründet ist. Allerdings betreffen die Angaben nur Männer und zwar ungefähr im Alter von 20—50 Jahren, die alle bei ihrer Einstellung möglichst gesund gewesen, und unter denselben Verhältnissen, abgesehen von der Verschiedenheit der Nahrung und Kleidung je nach der Rasse, leben. Es seien daher hier einige Zahlen angeführt, die für die nachfolgenden Betrachtungen von Werth sind.

Die Sterblichkeit der Europäer in der Niederländisch-Indischen Armee betrug in den Jahren 1819—1849 im Mittel jährlich gleich 11,39 %. Das Maximum fiel während dieser Zeit in das Jahr 1828 mit 29,41 %, das Minimum in das Jahr 1848 mit nur 3 %.

Betreffs der eingeborenen Truppen lassen sich für diese Jahre keine brauchbaren Zahlen finden, doch wurden die obigen Zahlen angeführt, weil sie beweisen helfen, daß in der darauffolgenden Periode die mittlere Sterblichkeit unter den Europäern abgenommen hat.

Für den Zeitraum von 1850—1879, also abermals von dreißig Jahren, sind die Mortalitätsziffern für die Armee von Java und Madura genau bekannt und ergeben nach dem Prozentverhältniß und unter Trennung der Küstenplätze und des Binnenlandes zusammengestellt, daß von Europäern an der Küste 7,276 %, im Binnenlande 4,625 %, also im Durchschnitt 5,95 % starben, dagegen bei den Eingeborenen sich diese Zahlen wie 4,211, bez. 2,35, bez. 3,78 stellen; für die übrigen Inseln des Archipels sind die Zahlen etwas geringer.

Die bürgerlichen Listen sind für die Statistik kaum zu verwerthen; sie werden nämlich meist nach den Angaben von inländischen Beamten zusammengestellt, die häufig nicht einmal schreiben können, sondern alle 14 Tage ihren Vorgesetzten mündlich die betreffenden Zahlen überliefern. Beim Verlassen ihrer Wohnung haben sie die Zahlen über die im verflossenen halben Monat gestorbenen Männer, Frauen und Kinder, die geborenen Knaben und Mädchen, dann über die gestorbenen Büffel und die geborenen Kälber u. s. w. ja noch gut im Kopfe, aber auf dem weiten Wege zum Amt laufen Zahlen und Begriffe bald durcheinander und schließlich wird der ganze Bericht zusammenphantasirt. Besser ist es, denkt so ein Eingeborener, etwas zu sagen, als nichts zu wissen und allzu oft braucht er dabei auch die sehr beliebte, aber bei Aufstellung von Listen und Tabellen weniger am Platz seiende Redensart: „wenn es Ihnen nicht unangenehm ist."

Ein anderes Moment, welches die Statistik über bürgerliche Verhältnisse unzuverlässig macht, wurde schon früher angedeutet und beruht auf den zahlreichen Kreuzungen der verschiedenen Menschenrassen. Im amtlichen Reglement für Niederländisch-Indien heißt es, daß mit Europäern gleichgestellt sind „alle Christen und alle Personen, die nicht unter die nachfolgenden Bestimmungen fallen"; diese letzteren lauten aber: „Mit Inländern werden gleichgestellt Araber, Mohren, Chinesen und überhaupt alle, die Mohammedaner oder Heiden sind." Nach einer weiteren Bestimmung sind aber wieder die christlichen Eingeborenen zu denselben Rechten und Pflichten verbunden, denselben Gesetzen unterworfen, wie die nichtchristlichen. Sie gehören also eigentlich auch in den amtlichen Listen nicht zu den Europäern, suchen sich aber, wie schon gesagt wurde, immer diesen möglichst gleichzustellen.

Schließlich wird die Zuverlässigkeit der Statistik noch gefährdet durch die Sitte der Adoption von Kindern; es sind Fälle bekannt, daß Kinder von Chinesen und Eingeborenen mit eingeborenen Frauen von Europäern als die ihrigen anerkannt und also als Europäer in die bürgerlichen Listen eingetragen wurden, weil die Mütter dieser Kinder dies als Bedingung ihres Engagements als Concubine stellten.

Wir lassen die selteneren Fälle außer Acht und constatiren nur, daß abgesehen von den christlichen Eingeborenen, die sich zuweilen als Europäer eintragen lassen, die sogenannten Europäer bestehen aus:

1. Den in irgend einem Erdtheil geborenen Weißen und ihren Abkömmlingen mit Frauen desselben Ursprungs, also Creolen;

2. Malaio-Europäern d. h. Abkömmlingen der Erstgenannten mit Männern, meist aber mit Frauen malaiischen, javanischen, sudanesischen, buginesischen &c. Stammes und ferner jedes Kind solcher Frauen, welches von einem Europäer als das seine anerkannt wird;

3. Malaio-Europäoiden, welche die große Classe derjenigen umfassen, welche von den unter 2) Angeführten gekreuzt mit reiner oder Mischrasse herstammen;

4. Chinesoid-Europäern, von europäischem Vater und meist malaio-chinesischer Mutter;

5. Chinesoid-Europäoiden, Abkömmlingen aus Kreuzungen von 2 und 4 oder 3 und 4;

6. manche Neger (so weit sie Christen sind);

7. Abkömmlingen derselben mit Frauen von 2, 3, 4 und 5;

8. Allen noch nicht angeführten Kreuzungen aller vorstehend Aufgezählten.

Die Mischrassen liefern also ohne Zweifel das größte Material für eine bürgerliche Statistik, während sie in der Armee nur in verschwindend kleiner Zahl vorhanden sind. Doch ist in der letzteren die für die Mortalität der Europäer angegebene Zahl deshalb noch nicht ganz zutreffend, weil solche, welche von einer chronischen Krankheit befallen sind, meist nach Europa zurückgesandt werden, bevor sie in Indien sterben. Als Aequivalent dafür werden aber Eingeborene in derselben Lage als dienstuntauglich entlassen, und das Verhältniß der oben angegebenen Zahlen untereinander bleibt somit einigermaßen dasselbe. Wir schließen aus dem Letzteren, daß die Sterblichkeit der Europäer in dem höher gelegenen Landesinnern 1½ Mal kleiner ist als an den Küstenplätzen und die der Eingeborenen 2 Mal kleiner. Es müssen daher an diesen verschiedenen Punkten verschiedene Einflüsse auf die Menschen einwirken, und dazu muß vor allem Andern der des Klimas gerechnet werden, da die sonstigen Lebensverhältnisse sich einigermaßen gleichen. An der Küste kommt besonders Malaria (Wechselfieber) als schädliches Moment in Betracht; außerdem herrscht im höher gelegenen Innern des Landes schon bei 800 Fuß Höhe eine größere Kühle, infolge deren der Mensch sich freier und wohler fühlt mehr Eßlust hat u. s. w.

Erörtern wir nun zunächst, welchen Einfluß das Tropenklima auf den Menschen überhaupt hat. Am meisten wird dadurch die Athmung nnd Blutzirkulation betroffen. Es ist im heißen Klima die Energie der Muskelthätigkeit überhaupt eine geringere, als im kühleren; im letzteren wirkt außerdem die frische kühle Luft gewissermaßen als ein beständiger Reiz für die Athmungsmuskulatur, der im heißen Klima fehlt. Die Folge davon ist geringere Erweiterung des Brustkorbes, oberflächlichere Athemzüge und geringere Aufnahme von Sauerstoff in's Blut, noch geringer, weil aus der stark verdünnten Luft ohnehin weniger Sauerstoff in's Blut übertritt. Das Letztere behält daher immer einen mehr venösen Charakter. Natürlich ist der Einfluß des Klimas je nach Geschlecht, Alter, Constitution, Lebensweise u. s. w. verschieden. Was das Lebensalter anbetrifft, so bekommt Kindern, wenn ihnen die Seereise nicht geschadet hat, der Uebergang aus dem gemäßigten in's heiße Klima ebenso, wie auch älteren Leuten gut, welche Letztere sich sogar im heißen Klima viel wohler fühlen als vorher. Die ungeeignetste Zeit zur Uebersiedelung ist das Pubertätsalter, weil sich dabei der Organismus ohnehin in einem Zustand leichter Reizbarkeit befindet. Das beste Alter sich an das fremde Klima zu gewöhnen, ist zwischen dem 25. und 40. Lebensjahr. Das Geschlecht hat einen so bedeutenden Einfluß, daß es nöthig sein wird, die Verhältnisse bei Männern und Frauen gesondert zu besprechen. Alle Erscheinungen, welche betreffs Neuangekommener geschildert werden, können auch bei schon längere Zeit Ansässigen nachträglich plötzlich auftreten, ja dasselbe Individuum kann verschiedene Male üble Einwirkungen infolge des Klima's empfinden. Zunächst zur Besprechung dieser Verhältnisse bei Männern.

Der Blutumlauf ist Anfangs in der Regel beschleunigt, der Herzschlag kräftig; die Pulsfrequenz wechselt sehr, je nach der Tageszeit oder nach anderen Umständen. Am frühen Morgen am langsamsten, wird der Puls später bei Körperanstrengungen, selbst leichten Bewegungen, Bücken, Laufen, Arbeiten häufiger, kommt dann aber bald wieder auf die gewöhnliche Frequenz zurück. Zumal in der Mittagszeit von 1—4 Uhr ist die Pulsvermehrung auffallend und kann zuweilen geradezu stürmisch werden, wenn auch nur geringe psychische Eindrücke dabei mitwirken, z. B. plötzliches Erwachen nach dem Mittagsschlafe. Sonst hat aber im Allgemeinen die beschleunigte Herzthätigkeit nichts zu sagen, im Gegentheil lehrt die Erfahrung, daß man sich um so wohler fühlt, je mehr man arbeitet, besonders körperlich arbeitet. Denn es ist nicht zu leugnen, daß das Klima, mehr aber noch die Einförmigkeit der Umgebung einen bedrückenden

Einfluß auf den nach Indien kommenden Europäer ausübt; hiergegen ist arbeiten, sich bewegen, sich anstrengen das erfolgreichste Mittel, sowohl für den, welcher noch nicht in glücklichen Verhältnissen lebend darin Zerstreuung findet, wie für den, welcher zufrieden mit seinem Loose sich die Gesundheit dadurch erhält.

Das durch die schnellere Cirkulation im Verein mit der schon besprochenen weniger energischen Athmung einen mehr venösen Charakter behaltende Blut füllt zunächst die Hautgefäße an Kopf und Hals stärker, später auch die der unteren Gliedmaßen, so daß sich hier gewöhnlich Krampfadern bilden. Eine weitere Folge dieser venösen Stauung, besonders nach dem Kopfe hin, ist die anfangs hochgradig vorhandene Schläfrigkeit mit stark ausgesprochenem Bedürfniß reichlichen Schlafes; dasselbe kann aber nicht einmal immer befriedigt werden, weil sich gleichzeitig bei Manchen ein Reizungszustand des Gehirns mit Schlaflosigkeit einstellt, die, einmal vorhanden, durch vielerlei Ursachen, besonders durch die Muskitos, unterhalten wird. Später macht dann der Schlaflosigkeit eine um so größere Schlafsucht Platz.

Tritt die Schlaflosigkeit bei schon längere Zeit in Indien weilenden Personen ohne andere Ursache als infolge des dortigen Aufenthaltes auf, so ist erfahrungsgemäß das einzige Mittel hiergegen der Verzug nach Europa, wenn man nicht dem gewohnheitsmäßigen Gebrauch von narkotischen Mitteln anheimfallen will. Ein ein- bis zweijähriger Verbleib im gemäßigten Klima hat dann gewöhnlich guten Erfolg.

Auch der Verdauungscanal wird in Mitleidenschaft gezogen. Neuankömmlinge haben oft eine erstaunliche Eßlust, welche von Manchen der erhöhten Leberthätigkeit zugeschrieben wird, wahrscheinlich aber noch eine Nachwirkung der Seereise ist, nach welcher infolge der Seekrankheit oft ein erhöhtes Nahrungsbedürfniß Platz greift. Die erhöhte Eßlust verliert sich nach einiger Zeit, hält sich noch am längsten um die Mittagszeit, während der Appetit Abends sehr gering ist; bei den Meisten vermindert sich dann der Appetit überhaupt, dagegen stellt sich dann das Verlangen nach säuerlichen kalten Getränken und erfrischendem saftigem Obst ein, in einem solchen Grade, daß Viele fast alle Früchte mit wenigen Ausnahmen matt von Geschmack finden. Später verschwindet der Appetit nach säuerlichem Getränk gewöhnlich und wird dem Eiswasser der meiste Geschmack abgewonnen, wenn man sich nicht inzwischen dem Alkoholgenuß in die Arme geworfen hat.

Ein leichter Darmkatarrh zuweilen mit Constipation besteht häufig im Anfange, nach längerem Aufenthalt hat man eine ständige Empfindung der Trockenheit in Mund und Rachen und damit Durstgefühl, noch gesteigert durch das habituelle Rauchen von Manilla-Cigarren, von denen die sogenannten Cavitas in der Beziehung stärker wirken, als die gewöhnlichen Manillas. Die Zunge ist röther als normal oder leicht belegt; Viele bekommen einen Magendarmkatarrh, der sich durch Uebelkeit und Brechneigung des Morgens in dem Grade äußert, daß schon das Zähneputzen und Mundspülen genügt, um Brechen zu Stande zu bringen. Nach langjährigem Aufenthalt stellen sich vielfach Morgendiarrhöen ein, vielleicht eine Folge der kühleren Morgenluft. Die Anfangs vermehrte Gallenabsonderung vermindert sich mehr und mehr, eine Lebervergrößerung ist dabei eine gewöhnliche Erscheinung, ohne daß von einer krankhaften Veränderung des Lebergewebes außer der durch Stauung verursachten die Rede wäre. In der Leiche von Acclimatisirten, welche an irgend einer Krankheit gestorben sind, finden sich stets die Erscheinungen eines chronischen Katarrhs durch den ganzen Verdauungscanal verbreitet.

Die Haut ist in einem Zustand reger Thätigkeit begriffen, welche sich besonders durch eine stetige, am stärksten zur Mittagszeit stattfindende Schweißabsonderung äußert. Als ein eben erst nach Indien gekommener Arzt einmal Mittags van der Burg, während er sein Mittagsschläfchen hielt, besuchte, entsetzte er sich über den Zustand seiner Kopfkissen: eine solche Schweißabsonderung war er gewöhnt nur im Stadium vollständiger Erschöpfung zu beobachten, und doch fühlte sich van der Burg vollkommen wohl. Am stärksten findet das Schwitzen an Kopf und Hals statt, der Schweiß läuft am Körper herunter oder verdunstet allmählich oder läßt bei schnellerer Verdunstung die schon besprochenen nadelförmigen Crystalle auf der Haut zurück. Schon bei geringer Anstrengung, z. B. beim Aus- und Einsteigen in den Wagen, Bücken, Treppensteigen, wird die Transpiration stärker, auch durch anstrengende Geistesarbeit, wenn auch nicht in demselben Grade, wie bei Körperbewegung.

Regelmäßiges Baden und Reinlichkeit genügt meist, den Schweißgeruch fernzuhalten; derselbe tritt aber auf bei ungenügender Reinlichkeitspflege und bei anstrengender Arbeit, ist dabei stärker an warmen Regentagen als bei trockener Witterung. Man kann dabei deutlich die Verschiedenheit des Geruchs bei den verschiedenen Menschenrassen wahrnehmen, ohne daß man die hohe Ausbildung jenes Riechorgans besitzt, durch welches Jemand eine Aebtissin von einer Ehefrau unterscheiden konnte.

Kommt Jemand während des Westmonsuns an, so bleibt es meist bei den eben beschriebenen Vorgängen auf der Haut bewendet, im Ostmonsun aber entwickelt sich in der Regel eine Hautkrankheit, der „rothe Hund" (Lichen tropicus). Dieselbe ist eine constante Erscheinung bei Neulingen, verschont aber auch schon länger Ansässige nicht und ist dabei einer Behandlung so gut wie gar nicht zugänglich; man giebt deshalb und zugleich aus einem gewissen Aberglauben Neuankömmlingen den Rath, gegen den „rothen Hund" nichts zu thun, weil er ihm „eine andere Krankheit erspare". Es werden fast ausschließlich Europäer und Creolen, selten Mischlinge und fast gar nicht Eingeborene davon befallen, weniger auch solche, welche in hochgelegenen Gegenden wohnen. Die Ansicht, daß der „rothe Hund" vor anderen inneren Erkrankungen schützen könne, findet einige Begründung darin, daß solche, die heftig daran leiden, selten an Leber- und Darmprocessen von einiger Bedeutung erkranken.

Es erscheint hier am Platze, auf die Gefährlichkeit des Kratzens bei Muskitostichen hinzuweisen. Einzelne können sich nie an die Letzteren gewöhnen und ihnen benimmt ein Muskito im Bett die ganze Nachtruhe, während Andere mit der Zeit ziemlich unempfindlich dagegen werden. Die giftigsten Arten sind Culex setulosus und luridus mit gestreiftem Hinterleib, wenigstens verursacht deren Stich bei einer und derselben Person heftigere Erscheinungen, als der anderer Arten. Während Humboldt beobachtete, daß die Thiere in Amerika nur Nachts lästig wurden, wird man in Indien sowohl am Tage wie zur Nachtzeit von ihnen geplagt, wobei sie keine Hautstelle verschmähen, wenn sie auch ihre Lieblingsstellen, besonders an den zarteren Theilen des Fußes und der Knöchelgegend, haben. Zum Schutze gegen ihre Stiche bedient man sich mit Erfolg eines Aufgusses von Quassia und des Aufstreichens von Oel. Etwa 5 Minuten nach dem Stich tritt eine rundliche, ungefähr 2 Centimeter große, juckende Anschwellung mit weißem Centrum und rothem Hof auf, deren Jucken man durch einige Eindrücke mit dem Fingernagel, ohne zu kratzen, oder mittelst Ammoniaklösungen vermindern kann, und welche nach mehreren Tagen erst verschwindet. Durch Kratzen der Stichstellen aber bilden sich schwerheilende, in die Tiefe weitergreifende und andauernde Geschwüre, welche oft auch mit erheblichen Störungen des Allgemeinbefindens einhergehen können. Bei neugeborenen oder ganz kleinen Kindern kommt es in der Regel nicht einmal zur Geschwulst, wahrscheinlich, weil sich dieselben allen Reibens enthalten. Eine andere bei Neuankömmlingen häufige Hautaffection ist die Bildung von Schwären und Abscessen.

Eine weitere Veränderung, welche die Haut eingeht, beruht auf einer allgemein oder fleckweise auftretenden Färbung derselben. Daß Jeder blasser wird, ist eine Folge der durch die verminderte Eßlust, die geringere Athmungsenergie und die allgemeine Abspannung und damit den Mangel an Bewegung in freier Luft auftretenden Blutarmuth. Trotz dieser Blässe tritt eine bei braunäugigen Menschen gelbliche, bei blauäugigen kupferfarbige Hautverfärbung auf, besonders an Gesicht und Händen, dann auch an den Schenkeln und in den Achselhöhlen. Die directen Sonnenstrahlen sind wohl die Hauptursache dafür, doch kommen auch fleckweise über alle Körpergegenden verbreitete gelbe und bräunliche Farbstoffablagerungen nach Art der Leberflecken vor. Kinder, besonders solche mit sehr weißer Haut, bekommen von Zeit zu Zeit kleine dunkelbraune fast schwarze Pigmentflecken in Stecknadelknopfgröße, die nach einigen Wochen spurlos verschwinden.

Daß Haare und Nägel schneller wachsen, wurde schon gesagt; blonde Männer haben große Neigung zum Kahlwerden, dunklere Haare ergrauen frühzeitig. Bei Armeniern fällt das Haar oft fleckweise aus; selten sieht man das Ausfallen des Haares bei Chinesen, auch der Aelteste hat hier noch seinen Zopf, obschon man sagt, daß sie doch kahl werden, aber dann den Zopf etwas tiefer stehen lassen.

Bei der starken Hautthätigkeit und der dadurch nöthigen häufigen Reinigung wird die Haut zarter und empfindlicher, besonders die der Fußsohlen, an denen sich, wenn man wie gewöhnlich dünne Strümpfe, und leichte Schuhe trägt, nie Schwielen bilden, so daß jede Unebenheit des Bodens unangenehm empfunden wird.

Die Einwirkung der andauernden Hitze auf das Nervensystem äußert sich zunächst in einem drückenden Gefühl im Kopfe, leichter Migräne und Benommenheit. Schnelle Ermüdung bei Körperanstrengung und selbst das Gefühl der Erschöpfung ist nicht selten und kann lange auch bei gutem ruhigem Schlaf andauern. Nach jeder noch so kurzen Arbeit hat man das Bedürfniß, sich einmal zu strecken und beim Sitzen den Beinen eine höhere Lage zu geben. Dieser Zustand, der häufig noch lange nach bereits abgelaufener Acclimatisation vorkommt, ist gerade kein Kranksein, grenzt aber nahe daran. Das beste Mittel dagegen ist ein vorübergehender Aufenthalt in bergigen Gegenden, wenn auch nur die Abende und Nächte dazu benutzt werden. Die nervöse Gereiztheit äußert sich häufig durch Weinen ohne triftige Veranlassung, während für wirklich traurige Ereignisse eine gewisse Unempfindlichkeit zu Tage tritt.

Der Geschlechtstrieb ist vermehrt; bei der starken Absonderung der Hautdrüsen der Geschlechtsorgane ist die Beschneidung, eine religiöse Vorschrift, als vortreffliche hygienische Maßregel zu betrachten. Zur Reinigung der äußeren Ohrgänge von dem gleichfalls stärker abgesonderten Ohrenschmalz hat sich eine besondere Berufsclasse, die chinesischen Ohrenreiniger, gebildet. Viele werden, besonders bei trockener Luft, durch eine sehr zähe Absonderung der Nasenschleimhaut sehr belästigt; bei Andern stellen sich alltäglich Anfälle krampfartigen Niesens, wohl 20 Mal hintereinander, ein, welches schon in manchen Fällen schließlich die Uebersiedlung nach Europa nöthig machte.

Was nun den Einfluß des Klima's auf das geistige Leben anbetrifft, so sehen wir bei Vielen das Gedächtniß besonders für Eigennamen und gerade für solche, die man erst kürzlich gehört hatte, abnehmen, außerdem wird bei längerem Aufenthalt in den Tropen anspannende Geistesarbeit in den Abendstunden schlecht vertragen, da lebhaftes Träumen und unruhiger Schlaf davon die Folge sind. Dies sind aber wohl auch die einzigen wirklichen Nachtheile. Wenn die senkrechten Sonnenstrahlen auf das Centralnervensystem so bedenklich einwirkten, wie behauptet wird, so müßten wir häufiger, besonders bei nicht Einheimischen, das Auftreten von Sonnenstich erwarten können, der in Indien eine große Seltenheit ist; weder bei Europäern, noch bei Chinesen, die ihren bis auf die kleine Stelle auf dem Scheitel für den Zopf kahlgeschorenen Schädel den directen Sonnenstrahlen aussetzen und ihn nur zuweilen mit einem Strohhut bedecken, ist Sonnenstich eine öfter beobachtete Erkrankung. Nur bei europäischen Soldaten auf Märschen wird er wohl einmal beobachtet und ist dann wohl meist durch die schwere Kopfbedeckung oder durch Alkoholmißbrauch verschuldet.

Ob der Jähzorn, das auffahrende Wesen, welches bei Vielen wahrgenommen wird, dem Einfluß des Klimas zugeschrieben werden muß, oder dem Aerger über die Indolenz der Eingeborenen, mit denen man täglich in Berührung kommt, seine Entstehung verdankt, ist eine Frage, die van der Burg im letzteren Sinne zu beantworten geneigt ist. Die große Zahl sonst phlegmatischer Naturen, die sich durch die genannte Ursache zur Heftigkeit verleiten lassen, bringt ihn zu diesem Schluß.

Man hat in Europa dem heißen Klima eine Menge nachtheiliger Einflüsse auf den Geist des Menschen zugeschrieben und gesagt, daß der Mensch durch dasselbe zur Pflanze und zum Thier herabgewürdigt würde, daß das geistige Wesen zurücktrete und Sinnengenuß die Ueberhand gewinne; daß in heißen Ländern keine Beständigkeit, keine Mäßigung zu finden, daß Unerschrockenheit zur Wüstheit, Anspannung des Geistes zur Raserei, Eifersucht zur Grausamkeit werde. Kunst und Wissenschaft seien durch Heimlichthuerei verdunkelt, der Gottesdienst durch fanatische Schwärmerei entehrt, der gesunde Menschenverstand durch Fabeln umdüstert. Die besseren Bewohner dieser Gegenden dürsteten nach Ehre und Ansehen, gelangten auch durch Glück zu etwas, könnten sich aber infolge ihrer körperlichen und geistigen Schlaffheit nicht auf der Höhe behaupten.

Diese Ansichten stammen noch aus der Zeit, wo, wie schon früher erörtert wurde, Leute nach Indien gingen, welche ihrer intellectuellen Entwicklung nach hinter dem hier erlangten Grade von socialer Stellung zurückblieben, bei ihrer Rückkehr nach Europa nicht der Würde ihrer Stellung entsprechend auftraten und durch Trägheit und Ausschweifungen den ungünstigsten Eindruck zu Wege brachten. In Europa spielten diese Leute immer eine mißliche Rolle: meist zu reich, um sich mit ihren früheren Standesgenossen auf gleicher Stufe bewegen zu wollen, besaßen sie nicht die Bildung, um sich in höheren Kreisen heimisch fühlen zu können.

Sicherlich hat man, so lange Indien den Niederlanden angehört, in den tropischen Breiten Männer gefunden, deren geistige Spannkraft den Einflüssen des Klimas Widerstand bot; diese Männer waren es, welche mit dem festen Willen, gegen das Gefühl körperlicher Ermattung anzukämpfen, auch den Geist vor dem Einschlummern bewahrten und die Beweise davon durch ihre großartigen Leistungen auf wissenschaftlichem Gebiete an den Tag legten, während sie gerade dadurch auch den

Einfluß des Klimas auf den Körper abschwächten. Starke Anspannung des Geistes läßt von selbst vergessen, daß das Klima auf eine erhöhte Thätigkeit des Geschlechtstriebes und auf das Verlangen nach vielem Trinken hinleitet, welches letztere aber wieder Anlaß giebt zum Gebrauch der Spirituosen, um durch deren Zusatz dem an sich wenig erfrischenden Wasser einen gewissen Wohlgeschmack zu geben. Diese zwei schwächenden schädlichen Momente können eben durch Willensstärke beseitigt werden. Diejenigen, welche diese Willensstärke besaßen, waren höchst gebildete, höchst achtungswerthe Leute, bildeten aber die Minderheit, welche bei der Rückkehr nach Europa durch die Mehrzahl verdunkelt wurde, da man nach dieser urtheilte und richtig zu urtheilen glaubte.

Warum war es aber gleichsam eine Ausnahme, gebildete Leute nach Indien gehen zu sehen? Es herrschte eben damals in Europa weniger Luxus, es lag keine Uebervölkerung, keine Nothlage in finanzieller Beziehung vor; ein Verzug nach Indien hatte etwas Erniedrigendes, selbst für die zurückbleibende Familie und noch findet man Starrköpfe, welche den Versuch, sich in Indien eine Existenz zu gründen, als einen Schimpf betrachten, wenn diese Auffassung auch schon an Grad und Verbreitung eingebüßt hat. Ein Wunder war es nicht, daß man so dachte. Die vielen Kriege mit den Eingeborenen waren Ursache, daß man Jeden gebrauchen konnte, um ihn nach dem „Osten" zu senden, und wollte man die nöthigen Frauen dazu haben, nun, Gefängnisse und öffentliche Häuser lieferten das Fehlende. Ja, sogar Waisenhäuser wurden gemißbraucht, um durch Mädchen aus denselben die Zahl dieser Weiber zu ergänzen. Erinnerungen an solche Thatsachen bleiben lange im Volke haften, wurzeln sich fest und ihre Folgen bleiben noch bestehen, wenn auch die Thatsachen längst vergessen sind; daher der Umstand, daß damals anständige Menschen sich zur Uebersiedlung nach Indien nur mit der gewissen Aussicht auf eine günstige Stellung entschlossen.

Die Beurtheilung dieser Verhältnisse änderte sich später, als der Aufenthalt in Indien mit weniger Vortheilen verbunden war: mit der größeren Zufuhr intellectueller Kräfte wurden die Chancen, ohne viel Mühe vorwärts zu kommen, geringer, die Erlangung von Vermögen wurde mühsamer, mit der Einfuhr von Eis nahm der Gebrauch der Spirituosen ab und es wurde immer ersichtlicher, daß geistige Entwickelung im heißen Klima sehr wohl möglich, und daß ein Leben, welches an das von Pflanze und Thier erinnert, nicht eine nothwendige Folge der großen und andauernden Hitze sei. Allmählich wird sich auch in Europa die Ueberzeugung Bahn brechen, daß geistiges Vermögen und geistige Arbeit, in Indien geschaffen und geleistet, nicht nur dem Individuum, sondern auch dem Mutterlande Vortheile gewähren wird. Wenn wir sehen, daß in Indien erzogene und ausgebildete junge Leute ihre wissenschaftlichen Examina in Europa mit Glanz ablegen und sich dabei häufig genug vor ihren europäischen Genossen auszeichnen, dann muß sich wohl die Meinung Recht verschaffen, daß auch das heiße Klima zu Studien nicht ungeeignet macht.

Wird damit behauptet, daß Indien völlig den Anforderungen genügt, welche für eine höhere Entwickelung von Gemüth und Verstand nöthig sind? Sicherlich nicht! Zweifellos ist aber die Möglichkeit, daß ein schon wohl entwickelter Geist sich hier auf der Höhe erhalten und weiter bilden kann. Die Bildung von Gemüth und Verstand verlangt aber mehr, als die Gelegenheit, in guten Schulen etwas zu lernen. Die europäischen Bewohner von Niederländisch-Indien wünschen mit Recht ihre Nachkommen in europäischer Gesellschaft mit weiterem Gesichtskreis und mit mehr Bildungsmitteln in der Gesellschaft selbst, als sie die europäische Welt im fremden Lande bieten kann, gebildet zu sehen; es ist deshalb nicht zu verwundern, daß sie es für nöthig, dringend nöthig erachten, ihre Kinder nach Europa zu senden, um sie hier zu Männern erziehen zu lassen, die einen offenen Blick in's Leben gethan, die selbstständig denken und handeln, die die Künste würdigen und schätzen lernten. Wenn es auch möglich ist, eine reiche Fülle von Wissen in Indien zu erlangen, so fehlt es doch an der Erziehung, welche die Franzosen l'éducation de la rue nennen, es fehlt die große gebildete Gesellschaftswelt, es fehlt die Kunst im wahren Sinne des Wortes.

Es fehlt die éducation de la rue auf den breiten, staubigen, macadamisirten Straßen der europäischen, wie auf den schmalen lehmigen Wegen der inländischen Stadttheile, wo sich nirgend ein Gebäude von architectonischer Schönheit zeigt, nirgend die Industrie, welcher Art auch, ihre Erzeugnisse zur Schau stellt, nirgend ein aufgewecktes Volksleben besteht; sie fehlt auf den Straßen, auf welchen sich einestheils nur stille Eingeborene zeigen, ohne einen Begriff von europäischer Bildung und Kenntniß, aber in ihren Gesprächen oft Dinge berührend, welche jungen Leuten besser fremd bleiben, auf welchen anderntheils auch Europäer nur still ihres Weges gehen.

Es fehlt eine große gebildete Gesellschaft, die auch Gelegenheit giebt, etwas Anderes zu hören, als nur Gespräche über Beförderungen, kriegerische Expeditionen oder Bälle. Es ist nicht zu verwundern, etwas Kleinstädtisches unter den Verhältnissen zu finden, wo die Zahl der Europäer (und der mit ihnen Gleichstehenden) in den größten Städten, wie in Batavia noch nicht 5500, in Soerabaija kaum 5000 und in Samarang noch nicht 5300 (im Jahre 1881) beträgt. Diese gesellschaftlichen Verhältnisse sind ungeeignet für eine gediegene Erziehung und Entwicklung, und werden es noch bedeutend mehr durch die inländische und chinesische Umgebung.

Es fehlt die Kunst und die Möglichkeit von Kunstgenüssen im europäischen Sinne. Das einzige, was davon zu finden ist, besteht in Litteratur, welche aber ohne sorgfältige Ueberwachung zu viel Schaden thun kann; zuweilen werden auch gute Musikaufführungen gegeben. Eine für Geist und Gemüth werthvolle Baukunst besteht hier nicht, Bildhauerkunst ist so gut wie unbekannt, und Gemälde werden ersetzt durch Kupferstiche und sonstige Vervielfältigungen, welche in großer Zahl, aber ohne viel Abwechselung vorhanden sind, da hunderte von gleichartigen Exemplaren zugleich eingeführt werden; Feuchtigkeit und Insekten erschweren eine Gemäldesammlung sehr. Die inländische Kunst ist zwar reichlich vertreten und in schönen Museen zusammengestellt, doch bietet sie mehr Stoff zu Studien für den bereits künstlerisch Geschulten, nicht zur Belehrung für den noch zu Bildenden in europäischem Sinne.

Die Schlußfolgerung aus diesen Betrachtungen ist also, daß das heiße Klima an sich kein Hinderniß für geistige Bildung und Entwicklung ist, daß dagegen die besondern Umstände in den geselligen Verhältnissen in Indien die Erziehung in Europa nöthig erscheinen lassen.

Natürlich trifft auch hier die bekannte Wahrheit »mens sana in corpore sano« („ein gesunder Geist im gesunden Körper") zu. Wessen Körper gegen klimatische Einflüsse allzu empfindlich ist, verfügt auch über keine freie geistige Thätigkeit; doch kann Willenskraft viel zum Guten wirken und die Willenskraft muß man besitzen, um erfolgreich die Beschwerden des heißen Klimas zu überwinden. Die veränderte Umgebung, in die sich der Europäer bei seiner Ankunft in Indien versetzt sieht, die ganz anderen Sitten und die veränderte Lebensweise können eine gedrückte Gemüthsstimmung, selbst Heimweh hervorrufen, doch wird man dies nicht als eine Folge des heißen Klima's bezeichnen wollen. Der Einfluß dieses letzteren äußert sich hauptsächlich auf den Körper und wollen wir nunmehr betrachten, welche von den bisher angeführten Erscheinungen sich beim weiblichen Geschlechte ändern und welche bei ihm noch dazu kommen.

Was über die Veränderungen im Athmungsprozeß und der Blutzirkulation gesagt wurde, trifft auch für die Frauen in gleichem Grade wie für Männer zu. Die übrigen Erscheinungen dagegen betreffs der Functionen der Haut, der Verdauungsorgane u. s. w., sind in der Regel bei Frauen viel weniger stark ausgesprochen, und gehört bei ihnen z. B. der „rothe Hund" zu den Seltenheiten. Vor Allem äußert sich jedoch bei ihnen der Einfluß des Klimas auf die Geschlechtssphäre, und finden wir daher in dieser Beziehung manche noch nicht genannte Symptome.

Zu den früher angeführten Entstehungsursachen der Blutarmuth kommen bei der Frau noch gegen früher häufigere und copiösere Blutverluste während der Periode hinzu, welche nicht so bald wieder ausgeglichen werden, weil der Appetit ohnehin gering ist, überdies, wenn nicht über reichliche Geldmittel verfügt werden kann, die Abwechselung in den Speisen nicht groß genug ist, um ihn anzuregen und schließlich eine kräftigende, gute Nahrung nicht selten überhaupt fehlt. Die rasch auftretende Blutarmuth der europäischen Frauen macht dieselben weniger widerstandsfähig gegen äußere Einflüsse und geneigt zu innern Erkrankungen; sie sind in der Regel auch nicht im Stande, ihre Kinder selbst zu stillen.

Die gebildete europäische Frau, aus ihrer früheren Umgebung herausgerissen, findet in Indien wenig Ersatz dafür; hat sie einen Wirkungskreis gefunden, der sie, auch wenn sie unverheirathet ist, den größten Theil des Tages in Thätigkeit hält, so findet sie darin eine Zerstreuung, welche aber den in Europa weit bequemer möglichen Umgang mit anderen gebildeten Frauen nicht ganz ersetzen kann. Ist sie verheirathet, dann giebt ihr eine größere Haushaltung Arbeit genug, in einer kleineren wird sie bald Langeweile empfinden. Wenn eben gesagt wurde, daß der Umgang mit anderen gebildeten Frauen in Europa leichter möglich ist, so begründet sich dies darauf, daß man in Indien zu jedem Zusammentreffen, zu jedem Ausgang ein Gefährt braucht und außerdem in dem kleinen Gesellschaftskreise die Wahl von Freundinnen sehr erschwert ist. Darum sehnen sich so viele

Frauen nach Europa zurück, wo sie gesunder waren und eine ihren Wünschen mehr entsprechende Umgebung fanden. Ausnahmen davon sind gleichwohl nicht selten, schon früher wurde darauf hingewiesen, daß viele europäische Frauen Neigung haben, inländische Sitten anzunehmen und gerade solche fühlen sich in Indien viel mehr heimisch. Bei vielen Müttern kommt nun außerdem noch der Gedanke an die Nothwendigkeit dazu, die Erziehung ihrer Kinder Fremden in fernem Lande anzuvertrauen und das Schreckbild von dem dereinstigen Weggange ihrer Lieblinge in die weite Ferne trägt nur noch zur Vermehrung ihrer Niedergeschlagenheit bei. Diese psychischen Ursachen wirken aber gleichfalls wieder auf den Organismus zurück und verschlimmern so noch die schlechte Blutbeschaffenheit.

Dabei neigen die Frauen sehr zur Fettbildung. Sie haben ja viel weniger Bewegung als Männer, wenn auch die Hausfrau einer indo-europäischen Haushaltung wenigstens in den Morgenstunden Arbeit genug hat. Bei weitem die meisten europäischen, und noch mehr die halbeuropäischen Frauen beginnen in den ersten Jahren des 4. Dezenniums ihres Lebens korpulenter zu werden; Fremde können schon bald nach ihrer Ankunft in der Regel die Bemerkung nicht unterdrücken, daß unter den vornehmeren Frauen so viele einen so stattlichen Körperumfang besitzen. Die dazu nöthigen Wahrnehmungen sind leicht zu machen, da man die besseren Kleider oben nicht zu hoch und deren Aermel möglichst kurz zu tragen pflegt.

Als Folge der Blutarmuth und schlechten Blutvertheilung sieht man oft zumal beim Tragen von Corsets die Gesichtsfarbe Abends fast rosenroth aussehend. Ueberhaupt ist es ja Thatsache, daß Blutarme Morgens weniger gut aussehen als später am Tage, wozu dann die Toilette auch mit beitragen hilft. Mit Bezug darauf hört man denn auch in Indien bei Beurtheilung weiblicher Schönheit öfter die Frage: „Haben Sie sie schon am Baum gesehen?" Die Abfahrt der Dampfboote vom „Baum" (Schlagbaum, Douane), findet nämlich gewöhnlich Morgens um 7 Uhr statt und ist es dabei üblich, Freunden und Bekannten das Geleit zu geben. Es ist nicht zu leugnen, daß ein Mittags oder Abends von Damen empfangener Eindruck ein erheblich anderer ist, als der vom frühen Morgen „am Baum". Die Damen selbst wissen das sehr wohl; ein hochgeschnittenes Kleid und ein kleiner Schleier sind deshalb die üblichen Mittel, um zu verhüten, daß man früh nicht so leicht die Wahrheit erkennt.

Europäische Frauen altern im heißen Klima früh, doch nicht so rasch wie ihre inländischen Geschlechtsgenossen, welche gegen ihr 24. oder 25. Lebensjahr alle Frische verloren haben, sodaß besonders die Brüste sehr bald schlaff herabhängen. Auch die Brüste von Unverheiratheten, welche mit 25 Jahren nach Indien kommen, verlieren schon nach wenigen Monaten die normale Festigkeit und Elasticität mit wenigen Ausnahmen. Die Kunst muß hier die gewünschten Formen schaffen helfen, denn das gewöhnliche Mittel, das ständige Tragen eines *koetang* (Unterleibchen) ist doch meist ungenügend, die schönen Formen zu bewahren.

Kinder vertragen nach dem 3. Lebensjahre die Uebersiedelung aus dem kühleren in das warme Klima gut, kleinere Kinder auch, wenn sie die Seereise gut überstehen, welche für sie sowohl auf der Hin- wie auf der Rückreise aus mehrfachen Gründen gefährlich ist. Es läßt nämlich während derselben die Milchabsonderung der stillenden Mutter nach und es muß mit künstlicher Ernährung angefangen werden; der Aufenthalt wenigstens Nachts in den engen heißen Cajüten, der Wechsel des Trinkwassers, unzweckmäßige Bekleidung sind Momente, welche auch die kürzeste Seereise für Kinder gefährlich erscheinen lassen. Die gewöhnliche Folge davon ist Darmkatarrh, der an sich zuweilen schon tödlich enden kann und durch Seekrankheit, welche auch die kleinsten Kinder befallen kann, noch verschlimmert wird. Man sollte deshalb grundsätzlich Kinder unter einem Jahre keine Seereise machen lassen.

Die Thatsache, daß europäische Kinder in Indien weniger sterben als in Europa, steht fest, ohne daß sie gerade durch Ziffern bewiesen werden kann. Die Ursache davon liegt einmal in den besseren socialen Verhältnissen der Eltern und dann im Fehlen oder milderen Verlauf mancher Kinderkrankheiten.

Eigentliche Armuth kommt bei Europäern in Indien höchst selten vor, wohl etwa bescheidene Verhältnisse. Doch ist auch eine weniger günstige Vermögenslage hier viel erträglicher, als in Europa, weil man keine Kälte kennt, frische Luft genügend geschafft werden und außerdem den Kindern eine bessere Nahrung als in Europa gewährt werden kann, wenn sich die Eltern nöthigenfalls mit billigen und einfachen Nahrungsmitteln behelfen. Dazu kommt die Leichtigkeit, baden zu können, die höchst einfache und zur Noth ganz entbehrliche Kleidung, die fortdauernde Pflege und Aufsicht seitens der Mutter, da keine europäische Frau Arbeiten außer dem Hause verrichtet (außer Hebammen, die gewöhnlich aber doch schon über das Mutterwerden hinaus sind), die auch Unbemittelten leicht zugängliche ärztliche Hülfe; alles dies gereicht den Kindern zum Nutzen.

Viele Kinderkrankheiten kommen gar nicht vor, oder haben einen weniger heftigen Verlauf als in Europa; Croup z. B. wird nie beachtet, ebensowenig wie Scharlachfieber; Masern verlaufen gewöhnlich wie auch Keuchhusten mit viel weniger heftigen Symptomen, andere epidemische Krankheiten nehmen keine größere Verbreitung an und z. B. Cholera, Pocken, Diphtheritis bleiben meist mehr vereinzelt. Daß Letztere sich nur wenig ausbreiten, ist wohl die Folge des großen Flächenumfangs der indischen Städte, deren Häuser alle weit auseinander stehen; auch die Häuser selbst haben eine große Ausdehnung, so daß z. B. ein ansteckend Kranker in dem einen Theile des Hauses untergebracht sein kann und immer noch andere Räume vorhanden sind, die von dem Krankenzimmer in der Breite mehrerer europäischer Häuser entfernt liegen, während dazwischen ein ausgiebiger Luftwechsel stattfindet. Am häufigsten werden Kinder von Darmaffectionen, meist katarrhalischen, und Fieberzuständen befallen.

Ist die Kindersterblichkeit auch geringer, so ist doch nicht zu verkennen, daß Kinder von Europäern ungemein empfindlich gegen äußere Einflüsse sind und von Heymann mit Recht als „zarte Wesen im Vergleich mit den Kindern der Javanen und Mischlinge, Treibhauspflanzen, die man, sollen sie gedeihen, ständig hegen und pflegen muß," bezeichnet werden. Trotzdem sind europäische Kinder bei der Geburt stärker und schwerer, als inländische.

Während eingeborene Kinder ungestraft nackt durch Regen und Sonnenschein, Wind und Wetter herumlaufen, dürfen dies die kleinen Europäer nicht. Neugeborene sehen wohl aus, haben eine rosige Hautfarbe, gedeihen gut bei guter Nahrung und widerstehen auch leicht den Unbilden der Witterung. Die Entwickelung geht zunächst schneller vor sich als in Europa, so daß man in Indien die Kinder meist jünger schätzen muß, als sie nach ihrem Aussehen scheinen. In oder nach dem 2. Lebensjahre verschwindet jedoch meist die rosige Hautfarbe, es tritt bleiches Aussehen ein und entwickelt sich Blutarmuth, die erfahrungsgemäß so empfindlich für Temperatureinflüsse macht. Durch den häufigen Aufenthalt in freier Luft wird der Teint gelb oder bräunlich, die Lippen bleiben blaßroth; die meisten haben helles blondes Haar, meist kleine Hände und Füße, gute Muskelentwickelung, zumal durch einfache, gymnastische Uebungen darauf hingewirkt wird, und sind groß für ihr Alter. Der Zahnwechsel und die Geschlechtsreife treten früher als in Europa ein.

Der Umstand, daß fast alle Kinder so bleich aussehen, wenigstens die in flach gelegenen Landstrecken, verursacht, daß frisch aus Europa kommende Kinder mit der ihnen eigenen lebhaften Hautfarbe einen ungewohnten, wie fieberhaften Eindruck machen. Sagt man dann einmal: „was hat das Kind eine prächtige Farbe", so ist doch in Wahrheit der erste Eindruck ein unangenehmer, weil man gewohnt ist, bleiche aber dabei doch gesunde Kinder zu sehen. In Gebirgsgegenden Geborene sehen frischer aus, als die im Flachlande, und besonders die Kinder von Batavia sind bekannt wegen ihrer Blässe, obgleich sie sich einer guten Gesundheit erfreuen.

Im Pubertätsalter haben die Knaben meist ein ungesundes Aussehen, zum Theil wohl infolge der nicht genügend eiweißhaltigen Kost, dann aber auch infolge der schon stark vorhandenen und gewöhnlich nicht gezügelten geschlechtlichen Neigungen. Vergleichende Beobachtungen haben ergeben, daß Knaben in Indien durchschnittlich kleiner und leichter sind als die europäischen, und daß auch die Gewichtszunahme und das Wachsthum im Verhältniß zum Lebensjahr weniger beträgt.

Als allgemeine Regel gilt, daß man Kinder bis zu 12, 13 Jahren von früh 9 bis Nachmittags 4 Uhr nicht außerhalb des Hauses spielen oder arbeiten läßt. Auch der Weg zur Schule ist möglichst abzukürzen. Um diese Tageszeit nämlich ist die Sonnenhitze für den Körper des Europäers überhaupt und für den des Kindes besonders nachtheilig. Andauernde Thätigkeit des Körpers und Geistes schadet sonst nicht, im Gegentheil sei nochmals wiederholt, daß der viel Arbeitende sich am wohlsten fühlt; wenn dagegen körperliche Arbeit im glühenden Sonnenschein wohl einzelne Male noch erträglich sein mag, so sind doch bei Tag für Tag fortgesetzter Arbeit die senkrechten Sonnenstrahlen mörderisch für den Europäer, zumal wenn er Erdarbeiten verrichtet. Die Schutzmittel in solchen Fällen, wo ein andauernder Aufenthalt in der Sonnenhitze wie z. B. bei großen Bauten unvermeidlich ist, sind zweckmäßige Bekleidung, besonders eine zweckentsprechende Kopfbedeckung, regelmäßiger Gebrauch eines Bades, gute Nahrung, Schlafen in anderer leicht erreichbarer Gegend, Vermeiden von Spirituosen und jeglichen Excesses in Baccho et Venere, das zeitweilige Unterbrechen der Arbeit mit einem mehrtägigen Aufenthalt in kühleren Gegenden, und das öftere Ausruhen an schattigen Stellen während der Arbeit selbst.

Schon Bontius kannte die schädlichen Wirkungen der Sonnenstrahlen und er räth jedem Europäer in Indien ab, am Tage zwischen 9 und 4 Uhr auf die Straße zu gehen, weil dann die Hitze so unerträglich sei, daß man durch viertelstündiges Gehen matter werde, als zu andern Tageszeiten in zwei Stunden. (Wagen gab es damals noch nicht.) Obgleich am Nachmittag die Gefahr geringer sei als am Vormittag, so räth er doch, von 12—4 Uhr keinerlei Amtsgeschäfte vorzunehmen, sondern etwas zu schlafen oder sich durch leichte Lectüre zu unterhalten. Ermüdende Thätigkeit innerhalb oder außerhalb des Hauses müsse zwischen 5 und 9 Uhr Morgens und nach 4 Uhr Abends verrichtet werden. Bei den jetzt bestehenden Verhältnissen läßt sich der Rath von Bontius nicht immer befolgen, doch haben sich die Umstände seitdem auch durch den allgemeinen Gebrauch der Wagen zu ihren Gunsten geändert; immerhin bleiben seine Bemerkungen in mancher Beziehung auch für die Jetztzeit von Werth.

Besonders das Bearbeiten des Bodens für die Landwirthschaft, den Hausbau u. s. w. ist für Europäer nachtheilig; solche Arbeit muß durch Eingeborene geschehen und ist auch ihnen in gewissem Grade gefährlich. Eine Menge Menschen mußten ihr Leben bei der Anlage der großen Poststraße durch Java lassen, wenn auch hier die Sterblichkeit nicht allein dem Einflusse der Sonnenhitze und der Erdarbeiten zuzuschreiben war, sondern auch andere Ursachen mitspielten. Doch auch andere große Anlagen, z. B. der Bau der Festung Willem I. und des Lagers zu Ambarawa zeigten die Gefährlichkeit der Erdarbeiten. Da wurden von den Arbeitern nicht wie früher tagelange Fußmärsche bis zum Bauplatz gefordert, da wurden keine schwangeren Frauen, Greise und Kinder als Arbeiter angestellt, fast alle waren eingeborene Sträflinge; trotzdem wurde die Verwendung dieser letzteren bei dem Festungsbau der Todesstrafe gleichgeachtet, natürlich nicht officiell, aber von Jedem, dem die Verhältnisse bekannt waren. Alles dies mag der Grund davon sein, daß Mischlinge so selten Landwirthschaft betreiben, wenn sie sich auch selbst über das eigentliche Motiv nicht klar sind.

Nicht Jeder empfindet, wie schon betont wurde, den Einfluß des Klimas in gleichem Grade; ein kräftiger Körperbau, starke Constitution, das erste Mannesalter sind dabei günstige Momente. Menschen mit phlegmatischem Temperament acclimatisiren sich am leichtesten, während solche mit sanguinisch-cholerischem und melancholischem Temperament den Uebergang in die heiße Zone am schlechtesten vertragen. Die sanguinisch-cholerischen Menschen erkranken leicht an entzündlichen Krankheiten, Dysenterie, Leberaffectionen u. s. w., haben jedoch auch viele Chancen, sie zu überstehen und dann bei fernerem Verbleiben die Einflüsse des heißen Klimas ganz gut zu vertragen.

Es bedarf wohl kaum der Erwähnung, daß Eingeborene und Mischlinge diese Einflüsse gleichfalls empfinden, wenn sie denselben auch mehr Widerstand zu bieten vermögen. Bisher wurde wohl die Thatsache noch nirgend erwähnt, daß auch Eingeborene infolge derselben erkranken und in ein kühleres Klima, und zwar in die kühleren Gegenden Indiens selbst gesandt werden müssen. Daß sie Malariaorte mit gesunderen Plätzen vertauschen müssen, wird damit nicht gesagt, doch findet man hin und wieder Eingeborene, für welche die Hitze selbst nachtheilig ist und welche ihre Gesundheit nur in einem zeitlichen oder dauernden Aufenthalt in den kühleren Gebirgsgegenden finden können. Besonders bei Reconvalescenten trifft dies zu; daß das Wegschicken aus wärmeren Gegenden in kühlere u. A. bei *Beriberi* von größtem Nutzen ist, mag aus den großartigen Geldbewilligungen seitens des Staates geschlossen werden, die für derartige Kranke eine Ortsveränderung auf ärztlichen Rath hin ermöglichen sollen. Das Gleiche wird ja in allen Himmelsstrichen wahrgenommen und wissen wir ja auch, daß viele in Nord-Europa geborene und dort einheimische Menschen das dortige Klima nicht vertragen und sich sogar in wärmeren Klimaten weit gesunder fühlen.

Mischlinge sind schon viel empfindlicher gegen die betonten Einwirkungen als Eingeborene; auch für sie kann unter denselben Umständen wie bei Europäern ein vorübergehender oder dauernder Aufenthalt in Europa nöthig werden. Doch kann man sie von rein anthropologischem Gesichtspunkte aus in Bezug auf diese Einflüsse nicht ganz mit Europäern gleichstellen, die Darwin'sche Theorie vom Kampf um's Dasein macht sich auch hier unleugbar geltend. Die Abkömmlinge von Menschen, welche Hunderte und Tausende von Jahren den verschiedenen Einflüssen ihres Wohnsitzes Widerstand geleistet haben, sind besser gegen dieselben gefeit als die Abkömmlinge Derer, die sich als Fremde dort niederlassen. Die Nachkommen beider aber, die Mischlinge, nehmen von beiden Eltern etwas an, so daß man unter ihnen solche gegen klimatische Einflüsse vollkommen geschützte und solche findet, die eine ziemlich große Empfindlichkeit dagegen erbten. Ihre Nachkömmlinge sind dann wieder um so widerstandsfähiger, je länger sie im heißen Klima leben, wobei natürlich wie auch bei den Eingeborenen individuelle Verschiedenheiten bestehen können. Möge es sonderbar und erstaunlich klingen, daß auch einmal für einen Eingeborenen reinsten Blutes der Verzug nach Europa nöthig erachtet werden könne, so liegt dies doch bei Mischlingen ziemlich häufig nahe.

Chinesen sind hervorragende Emigranten; sie vertragen wohl besser als irgend ein Menschenstamm die Uebersiedelung sowohl in heiße als in kühlere Gegenden, dafür liefert einerseits ihre massenhafte Einwanderung nach Indien, andererseits die nach Amerika und Australien den Beweis. Es ist dies um so wunderbarer, als sie so wenig von ihren rein chinesischen Gewohnheiten abweichen, und sowohl in der Bauart ihrer Häuser, wie in Kleidung, Nahrung und Lebensweise den früheren Bräuchen treu bleiben. Eine Hauptursache davon ist sicher in der Unabänderlichkeit ihrer gottesdienstlichen Verrichtungen, der Ansichten und Auffassungen zu suchen, mit welchen die Feier gewisser Feste an bestimmten Tagen und von bestimmter Dauer auf's engste verbunden ist, während diese Festlichkeiten nur unter Beibehaltung chinesischer Gebräuche überhaupt gefeiert werden können. Es bot sich schon Gelegenheit, bei der Besprechung dieses Volkes und seiner Wohnungen einzelnes anzudeuten und dabei öfter auf den Mangel an Reinlichkeit in den eng aufeinander gebauten Wohnungen hinzuweisen; erwägt man dazu noch ihre Sitte, sehr fette, schwer verdauliche Speisen zu genießen, so ist der von ihnen trotzdem den fremden klimatischen Einflüssen gebotene Widerstand sicherlich ein Beweis ihrer kräftigen Constitution.

Die Chinesen verfahren aber in einer Beziehung sehr zweckmäßig: sind sie nämlich vermögend genug, so verschaffen sie sich in den kühleren Strecken ein Absteigequartier, um daselbst hier und da einige Tage zur Erholung zubringen zu können. Doch auch für sie entsteht zuweilen die Nothwendigkeit einer Uebersiedelung in ein kühleres Klima.

Die Umstände, unter welchen letztere für Europäer fast unumgänglich ist, wollen wir etwas näher beleuchten, zumal gerade über diesen Punkt die Ansichten sehr weit auseinander gehen. Das Hauptmoment dazu ist die allgemein verbreitete Blutarmuth, dann kommen alle Reconvaleszenten von irgend welchen schwereren Krankheiten hierfür in Betracht, zumal auch solche, die an miasmatischen Fiebern leiden und für welche eine Ortsveränderung das energischste Heilmittel ist. Die einzige Gegenindication gegen den Verzug in die Gebirgsgegenden bilden Darmkatarrhe, die hier ja auch bei Gesunden besonders infolge der trotz der kühleren Luft meist beibehaltenen leichten Bekleidung entstehen. Ferner eignen sich für den Aufenthalt in gebirgiger Gegend Milz- und Leberschwellungen, Circulationsstörungen, das früher erwähnte Ermüdungsgefühl, Magenkatarrhe, Appetitlosigkeit, nervöse Störungen und bedeutendere Hautprocesse. Außerdem genießt man nach jahrelanger ununterbrochener Arbeit die wohlverdiente Ruhe am besten in der erfrischenden anregenden Bergesluft.

Die Wirkung der Veränderung des Aufenthalts auf den Allgemeinzustand ist eine ganz bedeutende. Mit der Höhe nimmt der Wärmegrad der Luft ab, die Häuser liegen weiter auseinander und die Luft wird dadurch besser, Malaria-Einflüsse sind weniger vorhanden. Um wie viel die im Innern des Landes gelegenen Orte gesunder sind, lehrten die früheren kurzen statistischen Betrachtungen. Eine der ersten Erscheinungen bei sonst gesunden acclimatisirten Menschen während eines Besuches der Gebirgsgegenden ist die Vermehrung des Appetits, gleichzeitig tritt das Ermüdungsgefühl bei Körperanstrengungen weniger rasch auf, man fühlt sich leichter in seinen Bewegungen, schläft besser, ist mehr angeregt, man kommt mit einem Worte dann zu der Einsicht, daß das heiße Klima, wenn man es bis dahin auch scheinbar nicht so empfunden, doch nicht ohne Einfluß auf den Organismus bleibt.

Für eine Uebersiedlung nach Europa kommen nun alle oben angeführten Krankheitszustände in höherem Grade in Frage; außerdem würden noch als Grund dazu zu betrachten sein die Nothwendigkeit einer Badecur daselbst, hartnäckige Schlaflosigkeit, manche Herz- und Nierenkrankheiten, Zuckerruhr, Fettsucht, Marasmus und die Reconvaleszenz nach schwerer Verwundung. Auch größere chirurgische Operationen, bei denen besondere Uebung und Erfahrung oder ein besonderer Instrumenten-Apparat nöthig ist, werden besser durch europäiche Autoritäten ausgeführt, wenn es sich mit den finanziellen Verhältnissen der Patienten vereinbaren läßt. Bei Darmaffectionen und Erkrankungen der Luftwege ist der Verzug nach Europa auch am Platze, wenn derselbe nur in günstiger Jahreszeit vorgenommen wird und die Ankunft daselbst nur nicht gerade zur Winterszeit erfolgt. Schon die Seereise bringt dann manchmal eine Besserung mit sich.

Dagegen ist im höheren Alter davon abzurathen; es gilt auch hier die alte Erfahrung, daß man alte Bäume nicht verpflanzen soll. Man darf wohl sagen, daß 60jährige Leute, die schon längere Zeit in Indien lebten, sich im heißen Klima wohler fühlen, und gesunder bleiben, als bei der Uebersiedlung nach Europa.

Nach einem längeren, gewöhnlich 12—15jährigen Aufenthalte in Indien pflegen Europäer, besonders Beamte, einen längeren Urlaub nach Europa zu ihrer Erholung zu nehmen. Bei ihrer Rückkehr von da tritt dann oft eine früher nicht so vorhandene Empfindlichkeit gegen klimatische und andere Einflüsse in körperlicher und geistiger Beziehung zu Tage, wozu sich noch eine Unzufriedenheit mit den Verhältnissen durch einen fortwährenden Vergleich derselben mit denen in Europa hinzugesellt.

Es möge jetzt noch der Möglichkeit der Fortpflanzung einer Menschenrasse in einem ihr ursprünglich fremden Klima gedacht werden. Dieser schon viel besprochene Punkt steht in directem Zusammenhang mit der Möglichkeit einer Colonisation in Indien. Van der Burg hat sich lange bemüht, Beispiele einer länger durchgeführten Fortpflanzung von in Indien geborenen Europäern (also Kreolen oder Eurasier*) unter einander zu sammeln; weiter als bis zum 2. oder 3. Gliede kam er dabei nicht, weil dann stets wieder ein frisches europäisches oder indisches Element dazu kam. Das Aeußerste waren zwei Kinder von rein europäischem Typus, deren Großeltern von aus Europa herübergekommenen Eltern in Indien geboren wurden und ebenso wie ihre Kinder und Kindeskinder daselbst verblieben.

Bei den Forschungen über diesen Gegenstand erfuhr van der Burg von einigen Seiten, daß auf einer Insel der Molukkengruppe sich Europäer ohne Vermischung mit inländischen Elementen seit mehreren Jahrhunderten fortgeflanzt hätten; es sollte hier Menschen weißer Hautfarbe, blonden Haares u. s. w. geben. Trotz eingehender

*) Eurasier, abgekürzt aus Europ-Asier, englisch Half-casts, sind Abkömmlinge von Europäern mit indischen Müttern.

Erkundigungen, auch bei solchen, welche jene Gegend kennen gelernt hatten, gelang es nicht, einen bestimmten Bescheid darüber zu erhalten, man hatte eben selbst nur davon gehört, ohne Gewißheit zu erlangen. Die sehr unbestimmten Gerüchte fanden aber eine glaubhafte Bestätigung durch Mittheilungen, welche A. B. Meyer über einen von dem Residenten von Amboina, Riedel, an ihn gerichteten Brief betreffs dieser Angelegenheit machte. Nach des Letztgenannten Berichten wohnen auf der Insel Kiser, zu der Alor-Gruppe oder den südöstlich gelegenen Inseln der Molukken gehörig, Mestizen, welche schon seit dem Ende des 17. Jahrhunderts dort ansässig sind und sich unter einander fortpflanzen. Sie sind kräftigen Körperbaues und manche von ihnen, Männer und Frauen, haben blondes Haar und so helle Hautfarbe, wie Nord-Europäer, sowie kleine Hände und Füße. Ihren Namen nach zu urtheilen können sie von Holländern, Franzosen und Deutschen abstammen; ihre Sprache ist nicht malaiisch, sondern kiserisch mit einigen Abweichungen, ihre Vorfahren waren Soldaten im Dienst der ostindischen Compagnie, welche auf Kiser zwei in ihren Ueberresten noch vorhandene Forts besaß.

Die Insel Kiser oder Kisser liegt auf dem 8. Grad südlicher Breite nordöstlich von Timor und gehört zu der Residentschaft Amboina. Auf der Insel findet sich ein *kampong*, welcher den stark an's Niederländisch erinnernden Namen Lekdoor trägt.

Inzwischen hat der Chef des Sanitätswesens, D. J. de Leeuw, den Rapport des Militärarztes Rombach über eine im November 1880 unternommene Reise nach den Südost-Inseln (Residentschaft Amboina) zur Verfügung gestellt und entnehmen wir diesem Rapport Folgendes:

„Am 24. November hatten wir Curs nach der Insel Kisser, wo der *Radja* behufs Erledigung von Geschäften auf der Insel Wetter abwesend war. Wir nahmen einen Lootsen an Bord, der uns andern Tages nach Sau, einem Küstenorte auf Wetter, brachte, wo wir den *Radja* von Kisser, Zacharias Bakker, fanden ....

„Nachdem *Radja* Bakker an Bord genommen war, dampften wir nach Kisser, wo wir Abends 5 Uhr ankamen, uns sogleich in Tragstühlen nach Delftshaven, einem von Engländern und Holländern bewohnten *kampong* begaben, und daselbst eine Kirche, Schule und einen aus Amboina dahin gesandten Schullehrer fanden.

„Im vorigen Jahrhundert hatte die Ostindische Compagnie eine ziemlich große Besatzung auf Kisser, welche in dem am Strande gelegenen Fort Voltenhoven lag; die Mauern des letzteren sind noch vorhanden, von den Gebäuden aber ist nichts mehr zu finden. Gleichzeitig wohnten dort ein Resident und vermuthlich noch andere Civilbeamte, sodaß ein ziemlich zahlreiches europäisches Contingent daselbst vertreten war. Deren Nachkommen wohnen noch auf der Insel, ohne sich mit den Ureinwohnern vermischt zu haben, welche heute noch Heiden und nicht viel besser als Wilde sind. Die von Holländern Abstammenden tragen alle holländische Namen, wie Bakker, Joosten, Kaffen, Lertes u. s. w.; sie sind Christen und senden ihre Kinder fleißig nach Schule und Kirche. Ihre Kleidung stimmt mit der der Bürger von Amboina überein, wie auch ihre malaiische Sprache mit der hier gebräuchlichen übereinkommt.

„Freimüthig kamen uns ältere und junge Männer, Frauen und Kinder entgegen und empfingen uns gern in ihren Häusern, die mit etwas inländischem Anstrich dauerhaft und leicht gebaut sind und sehr reinlich gehalten werden. Es war für uns, die wir Wochen hindurch nur Wilde angetroffen hatten, eine eigenartige Erscheinung, so auf einmal in dieser Colonie Menschen zu sehen, unter welchen solche mit blonden Haaren und blauen Augen und einem gewissen Grade von Bildung waren. Sie leben von Reis, Büffelfleisch und Fisch, oft auch von gekochtem Mais.

„Wie ich vermuthe, werden die Felder durch Sclaven bebaut, welche sie auf ihren Handelsreisen in Portugiesisch-Timor kaufen. Eine ältere Dame, Frau Wittwe Joosten, zeigte uns eine Sclavin, die erst kürzlich von Timor-Deli herübergebracht und auf Kisser verkauft worden war.

„Fieber kommen viel auf Kisser vor; ich wurde vielfach um das hier sehr wohlbekannte Chinin und um Wurmmittel gebeten".

Diese interessante Insel würde hiernach in einem Theile ihrer Bewohner den Beweis liefern, daß die Fortpflanzung von Europäern durch mehrere Generationen hindurch im heißen Klima möglich ist; doch ist dabei die Bemerkung Rombach's, daß jene den Boden nicht selbst bearbeiten und dadurch der hauptsächlichsten Gelegenheit zur Infection mit Malaria aus dem Wege gehen, nicht außer Acht zu lassen.

Gleichwohl wurde van der Burg später durch vertrauenswürdige Seeleute, die mehrmals diese Gegenden bereisten, versichert, daß Kisser unter den Wallfischfahrern den Ruf habe, schöne Weiber zu besitzen und gerade aus diesem Grunde häufig besucht werde. Diese Besuche nehmen den obigen Mittheilungen viel von ihrem Werthe.

Ueberhaupt aber müßte jene Thatsache als eine Ausnahme von der Regel betrachtet werden. Die physisch-geographische Beschaffenheit Kisser's ist van der Burg nicht genügend bekannt, um ein Urtheil über den Einfluß dortiger Verhältnisse auf die Bewohner aussprechen zu können, wie es ihm auch unbekannt ist, wie sie für ihren Unterhalt sorgen, welche Beschäftigungen sie betreiben u. s. w., alles Dinge, welche für die Behandlung der Frage einer Colonisation in Indien als von höchster Wichtigkeit erachtet werden müssen.

Unter Colonisation ist doch zu verstehen die Möglichkeit der Niederlassung, der Selbstbeschaffung des Lebensunterhaltes, der Fortpflanzung der Art, alles ohne Nachtheil für die Gesundheit und ohne die Nothwendigkeit einer Rückkehr in das Mutterland oder neuen Zuwachses aus demselben. Daß dabei die Möglichkeit, irgend welcher Berufsart obzuliegen und zwar so, daß die Concurrenz mit den ursprünglichen und späteren Bewohnern aufgenommen werden kann, keine untergeordnete Rolle spielt, versteht sich von selbst.

Um nun zunächst dieser Verhältnisse bei den Chinesen zu gedenken, so sollte man bei oberflächlicher Betrachtung glauben, daß die Möglichkeit einer Colonisation in Indien seitens dieser vollkommen bewiesen ist, doch lasse man dabei nicht zwei bedeutungsvolle Factoren außer Acht, zunächst, daß die größte Zahl, wenn nicht alle nach Indien kommende Chinesen aus den südlichsten Theilen des himmlischen Reiches, also aus einem Klima, welches sich dem Indiens ziemlich nähert, stammen, ferner daß höchst selten aus China stammende chinesische Frauen dort angetroffen werden, sodaß also fast alle in Indien geborene Chinesen Malaio-Chinesen sind, die natürlich wieder ein anderes Verhalten dem Klima gegenüber zeigen. Diese Malaio-Chinesen haben durch ihre Erziehung in rein chinesischen Sitten und chinesischen gottesdienstlichen Gebräuchen einen ganz anderen Character als die Malaio-Europäer und die europäischen Creolen; bei jenen ist z. B. der Trieb zur Ausübung von Handel und Handwerken eine hervorragende Eigenschaft, während die Mischlinge europäischer Herkunft fast alle eine Abneigung gegen Handverrichtungen haben. Aus diesem Grunde aber leben die Chinesen und ihre Abkömmlinge unter viel günstigeren socialen Verhältnissen.

Unter den Thatsachen, welche die Ansicht von der Unmöglichkeit einer europäischen Colonisation und der Bildung einer bleibenden europäischen Bevölkerung in Indien begründen, ist zunächst die besprochene Veränderung der Körperfunctionen mit der dadurch bedingten Verringerung der Lebenskraft hervorzuheben, welcher nur große Energie und die Hoffnung auf Erreichung des gesteckten Zieles ein Gegengewicht bieten kann. Dazu kommt die größere Gefahr der Erkrankung; im günstigsten Falle ist das körperliche Befinden ein nur relativ gutes mit sehr großer Empfindlichkeit gegen Witterungseinflüsse und Ausschweifungen jeglicher Art und jeglichen Grades, wie es auch feststeht, daß die Lebensdauer Erwachsener in Indien im Allgemeinen kürzer als die in Europa ist. Zwar ist die Kindersterblichkeit geringer und die Zahl der Geburten übertrifft die der Sterbefälle, ein Umstand, welcher allerdings einer Colonisation zum Vortheil gereichen würde, aber trotzdem fehlen die Beweise einer fortschreitenden unvermischten Fortpflanzung abgesehen von den Verhältnissen auf der Insel Kisser.

Endlich wurde behauptet, daß Europäer in tropischen Breiten weniger geeignet zur Verrichtung von Handwerken und körperlichen Arbeiten überhaupt seien, doch giebt die Erfahrung dieser Behauptung nicht im Mindesten Recht; sie würde dann einigermaßen gelten können, wenn solche Arbeiten im Freien oder verbunden mit Bearbeitung des Bodens verrichtet würden. Die Sterblichkeit unter den europäischen Bauarbeitern ist aber nicht größer als unter anderen Berufsclassen, und daß die Arbeiten im Freien bei Beobachtung gehöriger Vorsichtsmaßregeln viel an Gefährlichkeit verlieren, hat sich bei den Hafenarbeiten bei Batavia bewiesen; eine Hauptsache dabei ist, daß Europäer nie Nachts auf dem umgegrabenen Terrain verbleiben dürfen. Betreffs der mechanischen Arbeiten ist überhaupt wohl zu berücksichtigen, daß diese durch die allgemeine Muskelschwäche und das Ermüdungsgefühl mühsamer werden, daß sie aber bei geeigneter Nahrung und Körperpflege sehr gut würden verrichtet werden können.

Das hier Gesagte bezieht sich besonders auf die niedrig gelegenen Küstenstriche; man muß die Ueberzeugung haben, daß hier eine Colonisation unmöglich ist, weil sie an sich den Landbau bedingen würde, die Bodenbearbeitung aber den Aufenthalt in brennender Sonnenhitze nöthig macht und zugleich die Entstehung von Malaria befördert.

Im hochgelegenen Binnenlande sind die Verhältnisse ganz andere: in einer Höhe von 3000—5000 Fuß wird sich der Europäer viel leichter an das Klima gewöhnen. Gleichwohl wird auch hier die Feldarbeit Vorsicht erheischen, man wird sich am besten auf Gartencultur, Caffeebau und Viehzucht beschränken, und die Arbeiten im Freien nur von 6—10 Uhr Morgens und von 3—6 Uhr Abends vornehmen. Besonders muß die Bearbeitung, noch mehr aber die Anlage von *sawah*'s (Reisfeldern), das Ausroden von Buschwerk und die Anlage von Wegen auf's Strengste vermieden werden.

Soll man von einer eigentlichen Colonisation reden können, so müßten auch Frauen auswandern und wir haben schon ausführlich besprochen, wie ungünstig das Klima und was damit zusammenhängt, auf europäische Frauen einwirkt. Es ist nicht zu verwundern, daß bei der Vermehrung des Geschlechtstriebes die europäischen Männer so häufig die gesunden, kräftigen und gern zur Verfügung stehenden inländischen Weiber ihren eigenen kränkelnden Frauen vorziehen; das Resultat sind dann aber wieder Mischlinge und die eigentliche Colonisation wird dadurch wieder in den Hintergrund gestellt.

Ueberdies bleibt die ökonomische Seite der Colonisation, bei welcher die Möglichkeit einer Concurrenz im Kampfe um's Dasein mit den Eingeborenen obenan steht, hier außer Betrachtung, muß aber mit erwogen werden, wenn die Sache von politischem Standpunkte aus in Angriff genommen wird.

Wir kommen auf Grund aller voraufgegangenen Betrachtungen und mitgetheilten Thatsachen zu dem Resultat, daß eine eigentliche Colonisation von reinen Europäern in Indien zu den frommen Wünschen gehören wird, und daß es auch bei gutem Willen nicht weiter gebracht werden wird, als zur Errichtung von einer Art europäischer, mehr noch halb-europäischer Niederlassungen in den Berggegenden, gebildet aus entlassenen Soldaten, die an Klima und indische Lebensweise schon gewöhnt sind. Die Bildung solcher Niederlassungen, die sicherlich von allgemeinem Nutzen sein würden, würde dem Beispiel der Engländer in Britisch-Indien entsprechen, welche derartige Einrichtungen in Darjiling-Station im Himalaya-Gebirge, zu Oovamund in Madras, zu Mysore und anderswo haben. Doch würde man auch dann noch von dem Ideal einer Colonisation weit entfernt sein.

Lebensregeln.

Eine Zusammenstellung der Grundsätze für die Erhaltung der individuellen Gesundheit in Indien, ein kurzer Auszug des bisher Besprochenen, ergänzt durch einige Bemerkungen, die dort keinen Platz finden konnten, erscheint nicht ganz überflüssig. — Für Europäer würden folgende Regeln gelten:

Die Wahl eines geeigneten Wohnortes ist wohl das Erste, worauf man zu achten hat, andererseits aber auch das, wobei man nicht immer freie Wahl hat. Nach der Ankunft wohne man zunächst in bergigen Gegenden, oder wenn dies nicht angeht, möglichst weit von der Küste entfernt. Auf Java sind die gesundesten Residentschaften Rembang, Bagelen und Kedu, während noch erwähnt werden mag, daß an den Küstenplätzen die Monate Juni, Juli und August die kleinste Krankheitsziffer liefern und in den Berggegenden der Januar, Februar und März am gesundesten sind. Um die Zeit des Uebergangs des Ost- in den Westmonsun kommen die meisten Krankheiten vor.

Man wähle ein hohes Haus ohne Stockwerke, welches Sonne und Wind Zutritt läßt, schließe des Nachts die Jalousien, nicht die Fenster selbst, es sei denn in sumpfigen Gegenden; die Betten müssen etwas über dem Boden erhöht sein.

Die beste Kleidung ist die von weißem Kattun mit flanellenen Unterkleidern und einer großen leichten Kopfbedeckung.

Das tägliche Baden muß so bald wie möglich zur Gewohnheit werden, während sich die Zahl, Dauer und Zeit der Bäder nach individuellen Eigenthümlichkeiten richten muß. In der Regel ist ein Schöpf- oder Sturzbad Morgens etwa 1 Stunde nach dem Verlassen des Bettes am meisten empfehlenswerth und ein zweites Bad Abends gegen 5—6 Uhr nöthig.

Man gewöhne sich allmählich an die indischen Gerichte, vermeide dabei im Anfange die pikanteren Zuspeisen und die stark säure- und wasserhaltigen Früchte, Ananas, Gurken u. s. w. Für reichliche Eiweißkost muß Sorge getragen und Fett nicht ganz gemieden werden. Bei längerem Aufenthalt müssen dann die pikanten Zuthaten, besonders spanischer Pfeffer, als nöthige Beigabe betrachtet und mit Maß genossen werden, da sonst Atonie (Erschlaffung) des Darms mit Verstopfung oder Diarrhöe eintritt.

Das beste Getränk ist Wasser und zwar in heißen Gegenden Eiswasser, welches meist eine Temperatur von 4 ° C. hat; dann folgen Milch, kohlensaure und Mineral-Wässer, Limonade, Kaffee und Thee; Spirituosen sind schädlich.

Rauchen ist nicht anzurathen, aber so allgemein üblich, daß dieser Rath fast wie Ironie klingt. Jedenfalls ist es nützlich, das Rauchen zu unterlassen.

Man kann körperlich und geistig so viel arbeiten wie man will, nur gönne man sich auch die nöthige Ruhe. Während der kühleren Tageszeit bewege man sich an der frischen Luft, und schlafe 8 Stunden von 24 Stunden, entweder nur Nachts oder auch Mittags. Nächtliche Arbeiten sind besonders an Küstenplätzen zu vermeiden; man darf es nicht zu starker Ermüdung kommen lassen. Besonders rächt sich übermäßige Geistesarbeit bald durch Schlaflosigkeit.

Eine ruhige, möglichst zufriedene Lebensweise ist ein wichtiger Factor für das Wohlbefinden, deshalb studire man den Charakter des Eingeborenen, lerne besonders dessen Sprache und Sitten kennen, um seine den europäischen Begriffen nicht immer angepaßte Handlungsweise richtig beurtheilen und sich dadurch manche Gemüthserregung ersparen zu können.

Geschlechtliche Excesse müssen vermieden werden; nach allen Ausschweifungen, besonders aber nach den ebengenannten, wird der Körper empfänglicher für Krankheit.

Dem Individuum angepaßte Gesundheitsmaßregeln können für die Eingeborenen nicht aufgestellt werden, da die Zeit dazu noch nicht gekommen ist; die allgemeine Entwicklung des Volkes muß zunächst noch mit Riesenschritten fortschreiten, ehe man an die Aufstellung von solchen Regeln denken kann. Es muß schon genügen, wenn man bei Kranken einige nachtheilige Einflüsse abzuweisen im Stande ist. Die meiste Aussicht durchzudringen, haben noch allgemein gefaßte staatliche Verordnungen und Maßregeln; dahin gehören besonders die Reinhaltung der *kampongs* und Grundstücke, die gründliche Beseitigung der Abfälle durch Verbrennen oder Ablagerung an einem dazu bestimmten Platz, gehörige Entwässerung, Erleuchtung, Trinkwasser-Versorgung und Verbot des Verkaufs schädlicher Dinge, besonders von Giften und von Früchten während herrschender Choleraepidemie ꝛc. Man würde in der Beziehung vielleicht durch die Priester erfolgreich wirken können.

Einiges über die Stellung der Heilkunde im Indischen Archipel.

Die Ausübung ärztlicher Thätigkeit war früher gesetzlich nur Denen gestattet, welche die entsprechenden Examina bestanden und ein Diplom darüber erlangt hatten. Während diese aber zu hohen staatlichen Abgaben verpflichtet waren und noch sind, wurde es stillschweigend zugelassen und ist es sogar jetzt auch gesetzlich gestattet, daß jeder Andere steuerfrei practische Heilkunde betreibt.

Es hat sich denn auch außer den Aerzten ein besonderer Stand von Heilkundigen gebildet, der ein sehr großes und allgemeines Vertrauen genießt und fast ganz aus älteren halb-europäischen Frauen gebildet wird; ihrer Hautfarbe und dem Lebensalter nach hat man sie einmal sehr treffend als „Extract-Receptbücher in Pergamenteinband" bezeichnet. Das Vertrauen, welches diese Frauen als Heilkundige genießen, geht so weit, daß es keine Seltenheit ist, wenn dem Arzte der Vorschlag gemacht wird, eine solche in einem oder dem anderen Krankheitsfalle zur Consultation mit heranzuziehen, und zwar dies beim europäischen Publicum im weitesten Sinne des Wortes, sodaß nur einzelne Wenige die allgemeine Ansicht nicht theilen und sogar einzelne Aerzte selbst sich nicht scheuen, dem allgemeinen Vorurtheil folgend, ihre Frauen und Kinder, oder wohl gar sich selbst deren Behandlung anzuvertrauen.

Schon oft bot sich Gelegenheit, zu zeigen, welchen Schaden diese Frauen thun können; niemand erfährt dies mehr als der Arzt in Indien. Bei fast allen Darmerkrankungen, bei vielen der Leber, bei manchen chirurgischen Fällen wird ihre Hülfe erbeten, und nicht nur von Ungebildeten, auch von Hochgestellten und Beamten, die durch ihre Stellung berufen sein sollten, derartigen Mißbräuchen entgegenzutreten.

Die Frauen halten die verordneten Mittel möglichst geheim, einmal weil sie ihrer speciellen Behandlungsmethode Vertrauen verschaffen und dann auch, weil sie aus den von ihnen selbst gelieferten Arzneien Gewinn ziehen wollen. Ihre ganzen Kenntnisse bestehen gewöhnlich nur in einigen Recepten von Abkochungen und Aufgüssen von Pflanzentheilen, während sie für die weniger allgemein vorkommenden Krankheitsfälle sich noch eines meist geschriebenen Receptbuches bedienen. Von Erkennen einer Krankheitsform oder einer regelrechten objectiven Untersuchung ist keine Rede, und doch haben sie stets eine Diagnose bereit:

„Denn eben wo Begriffe fehlen,
Da stellt zur rechten Zeit ein Wort sich ein".

Ein derartiges Receptbuch von einer Frau van Gent, Detelle, ist im Druck erschienen. Es sind wunderbare Machwerke, die sehr an ähnliche bei uns aus der guten alten Zeit erinnern; sie geben nur gewisse Symptome an, gegen welche das Recept bestimmt ist, z. B. „wenn Jemand nicht gehen kann", „wenn die Beine krumm sind", „um die Gebärmutter auszutrocknen", „gegen das Weinen der Kinder" u. s. w.

Viele der angegebenen Mittel sind eigentlich inländische, andere ein Gemisch von diesen mit solchen aus europäischen Apotheken; manche sind ganz rationell, doch können sie auch viel Schaden thun. Häufig wird der Arzt nur consultirt, um die Diagnose des Leidens feststellen zu lassen, während die Behandlung daraufhin von einer heilkundigen Frau übernommen wird. Einzelne von ihnen nehmen für ihre Bemühungen keine Bezahlung an, sondern lassen diese rein aus Menschenliebe geschehen sein, doch lassen sich die meisten sehr gut für ihre Kräuter bezahlen, und zwar besser, als wenn sie solche für die Küche geliefert hätten.

Zuweilen kommen auch Hindus nach Niederländisch-Indien, die sich als Aerzte, meist als Augenärzte, ausgeben, um nach einigen Tagen plötzlich zu verschwinden. Van der Burg hatte zwei dieser Leute einmal auf ihre Kenntnisse zu prüfen und nur so viel aus ihnen herausgebracht, daß sie den grauen Staar mit dem Aderlaß-Schnepper operiren.

Die Aerzte in Indien sind meist active oder gewesene Militärärzte, selten kommt einmal ein Civilarzt dorthin, um sich eine Praxis zu begründen, da der Lebensunterhalt sehr theuer ist und ein Vermögen dazu gehört, die erste Zeit bis zum ausreichenden Verdienst zu überstehen. Gewöhnlich nehmen Militärärzte nach einigem Dortsein ihren Abschied aus der Armee und lassen sich als practische Aerzte nieder, nachdem sie bereits ein gewisses Vertrauen bei der Bürgerschaft sich erworben haben. Es kommt wohl kaum vor, daß ein Civilarzt, der als solcher nach Indien kam, zu einer einigermaßen guten Praxis gelangte, überhaupt ist nur ein derartiger Fall von einem Engländer bekannt geworden.

Die Stellung der Aerzte in pecuniärer Beziehung ist keine allzu günstige, weil die Ausgaben zu den Einnahmen in keinem entsprechenden Verhältniß stehen. Der Lebensunterhalt ist sehr theuer und dann fällt noch sehr in's Gewicht die Nothwendigkeit, zum Zwecke des Fortkommens Pferde und Wagen zu halten. Ohne dies ist eine Praxis bei den großen Flächenräumen, mit denen man in Indien zu rechnen hat, nicht denkbar; in Batavia z. B. wohnt das zu behandelnde Publikum auf einem Flächenumfang von ungefähr 28 »*palen*« (den *paal* zu 20 Minuten Wegs gerechnet, im Ganzen also ungefähr = 45 □-Kilometer) und sind deshalb 8 Pferde die kleinste Zahl, mit der ein Arzt hier auskommt. Man kann die jährlichen Ausgaben für Alles, was nur zum Fortkommen gehört, auf 6000 holländische Gulden (= 10,000 Mark) schätzen. In Batavia hat man wegen dieser großen Entfernungen die Sitte eingeführt, den Arzt durch einen bei dem nächsten Apotheker deponirten Brief um seinen Besuch zu bitten, noch einfacher aber machen es die Anwohner der größeren Straßen, welche der betreffende Arzt zu passiren pflegt: wer dessen Besuch wünscht, befestigt am Eingange eine kleine Flagge mit für verschiedene Aerzte verschiedenen Farben. Der Besuch wird dann im Vorbeifahren abgemacht und der doppelte Weg erspart, und die Patienten haben den Vortheil, ihre Dienstboten nicht stundenweit zum Arzte schicken zu müssen. Die beste Art der Bestellung ist die durch Uebersendung der Visitenkarte, weil es sonst zu häufig zu Mißverständnissen kommt. Es werden nämlich die Namen im Munde des Volkes in der eigenthümlichsten Weise und bis zur Unkenntlichkeit verändert, während außerdem in Batavia manche der schon länger Ansässigen nur mit ihrem Vornamen bekannt sind. Die Veränderung der Namen wird u. A. an folgenden Beispielen klar: Fürst wird Pioes, Gaymans = Hemmes, Galois = Halowa, Devonshire = Dipoengsir, Lorraine = Leuring, van der Burg = Samborok u. s. w. Unter der letzteren Adresse erhält van der Burg Briefe von Europäern, welche seinen Namen so von Inländern und Chinesen verstanden haben. Es kommen auf die Weise natürlich eine Menge Irrthümer vor.

Früher waren die Chinesen recht dankbare Patienten in Bezug auf Bezahlung und sehr freigebig in Geschenken, doch hat sich auch dies in letzter Zeit geändert. Ein Chinese beschwerte sich über die nach seiner Ansicht zu hohe Liquidation seines Arztes für die Behandlung in einer zwar nicht langwierigen, aber schweren Krankheit;

als dieser ihm vorhielt, daß er seinem Rechtsanwalt ja doch viel höhere Summen für viel weniger ernstliche Bemühungen ohne Murren bezahle, sagte er: „Das ist richtig, aber ein Advocat muß auch lange über die Sache nachdenken, während der Arzt seine Anordnungen in einem Augenblick auf einen Zettel geschrieben hat".

Die übliche Tageszeit der ärztlichen Visiten ist von früh 7 bis Mittags 1 Uhr und Nachmittags von 5—8 Uhr. Man rechnet durchschnittlich 6 Besuche auf die Stunde bei Europäern, bei den Chinesen mehr, weil sie enger zusammen wohnen und man sich mit ihnen nicht weiter in Unterhaltung einläßt. Sonntag ist der beschäftigste Tag, weil dann die Väter nicht arbeiten und die Kinder nicht zur Schule gehen, und deshalb mit Vorliebe an diesem Tage ärztlicher Rath eingeholt wird.

Es bestehen in Indien zwar sanitätspolizeiliche Bestimmungen, doch ist trotzdem die Prostitution, obgleich auch sie durch Gesetz geregelt ist, in umfangreichster Weise verbreitet. Man kann dreist behaupten, daß es schwerer ist, die Zahl der der Prostitution im weiteren Sinne des Wortes ergebenen Frauenzimmer zu bestimmen als umgekehrt, soweit es die Eingeborenen und Mischlinge in großen Städten betrifft. In den *kampong's* im Binnenlande herrschen in der Beziehung bessere Verhältnisse; in manchen Gegenden, z. B. bei den sonst wenig hochstehenden Bewohnern der Insel Nias wird die Prostitution sogar mit dem Tode bestraft.

In Batavia besteht eine Schule zur Heranbildung von Eingeborenen für den ärztlichen Beruf. Van der Burg war 7 Jahre Lehrer an dieser Schule und war daselbst damals noch die malaiische Sprache gebräuchlich, um für alle aus den verschiedensten Theilen des Archipels stammenden Eingeborenen einigermaßen verständlich zu sein. Die Resultate waren gerade keine glänzenden, doch gingen einzelne practisch brauchbare Leute als *dokter's djawa* daraus hervor. Später lernten die Zöglinge an der Schule zunächst Niederländisch, um dann erst zum Studium der Heilkunde überzugehen. Wegen der Kürze des Bestehens dieser Einrichtung läßt sich über ihren Werth noch kein maßgebendes Urtheil fällen.

Früher wurden auch inländische Frauen in einer hierzu bestimmten Anstalt zu Hebammen ausgebildet. Sie eigneten sich sehr gut für die Praxis, doch wurde die Einrichtung wieder aufgegeben, als bemerkt wurde, daß sich dieselben infolge der erlangten

Kenntnisse besser zu Concubinen für Europäer, als zu Hebammen qualifizirten.

Zum Schluß mögen noch einige Winke betreffs der Ausrüstung mit Instrumenten und Arzeneimitteln bei der Uebersiedelung von Europa nach Indien folgen. Als Uhr ist nur eine gute Cylinderuhr zu empfehlen, Ankeruhren leiden sehr rasch und werden unbrauchbar. Von sonstigen Instrumenten halte man nur das Hauptsächlichste, da deren Instandhaltung viel Zeit und Mühe erfordert; je weniger Stahl an ihnen vorkommt, um so besser, sie seien entweder von Silber oder vernickelt. Die Etuis müssen von gut getrocknetem Holze angefertigt und mit kupfernen Charnieren und Schlössern versehen, nicht etwa mit Sammet ausgekleidet sein. Stählerne Theile sind mit einem neutralen Fett zu bestreichen. Das Schleifen der feineren Instrumente besorgt man am besten selbst, wenn man Gelegenheit hatte, es zu lernen, da sonst nur schwer Jemand, der hiermit vertraut ist, gefunden wird. Die Bücher conservirt man zum Schutz gegen Feuchtigkeit und Insekten in mit Schiebedeckeln schließbaren Holzkästen aus *djati*-Holz (von Tectona grandis), aus denen man durch Uebereinanderstellen mehrerer ein Büchergestell bilden kann.

Die vorräthig zu haltenden Arzeneimittel beschafft man sich am besten in Indien selbst, weil dieselben bei nicht zweckentsprechender Verpackung von Europa aus in einem wunderlichen Zustand dort ankommen.

Druck von Ackermann & Wulff in Hamburg.

In unserem Verlage sind erschienen:

Fischer, G. A., Dr.: Mehr Licht im dunklen Welttheil. Betrachtungen über die Kolonisation des tropischen Afrika unter besonderer Berücksichtigung des Sansibar-Gebiets. 1885. *M.* 2.50

Toeppen, Hugo, Dr.: 100 Tage in Paraguay. Reise ins Innere. Paraguay im Hinblick auf deutsche Kolonisations-Bestrebungen. Mit einer Karte von Paraguay. 1885. *M.* 6.—

Friedrich, Carl: Die La Plata-Länder unter besonderer Berücksichtigung ihrer wirthschaftlichen Verhältnisse, Viehzucht und Kolonisation und ihrer Bedeutung für die deutschen Kapitalisten und Auswanderer. 1884. *M.* 4.—

Schultze, C. F. E.: Der rationelle Estanziabetrieb im Unteren La Plata-Gebiete als productives Feld für deutsches Capital und deutsche Arbeitskräfte. Ein Entwurf zu einer allmählichen Umwandlung des bisherigen extensiven Betriebes in einen mit bäuerlichen Ansiedelungen verbundenen und eine höhere Rentabilität gewährenden möglichst intensiven Betrieb. 1886. *M.* 3.50

Fischer, G. A., Dr.: Reise durch das Massai-Land (Ost-Aequatorial-Afrika) mit einer Original-Routenkarte von **L. Friederichsen.** 1885. *M.* 6.—

Flegel, Ed. Robert: Lose Blätter aus dem Tagebuche meiner Haussa-Freunde. Mit einem Portrait Flegel's und seiner beiden Haussa-Freunde. 1885. *M.* 1.60

Hübbe-Schleiden, Dr.: Ethiopien. Studien über West-Afrika. 1879. *M.* 10.—

Hübbe-Schleiden, Dr.: Deutsche Kolonisation, eine Replik auf das Referat des Herrn Dr. Fr. Kapp über Kolonisation und Auswanderung. 1881. *M.* 3.—

Hübbe-Schleiden, Dr.: Ueberseeische Politik eine culturwissenschaftliche Studie mit Zahlenbildern. 1. Theil. 1881. *M.* 3.—

Hübbe-Schleiden, Dr.: Ueberseeische Politik, 1. Theil, Anhang: Studien über die Statistik des Welthandels. 1881. *M.* 3.—

Hübbe-Schleiden, Dr.: Ueberseeische Politik. 2. Theil. Kolonisations-Politik und Kolonisations-Technik, eine Studie über Wirksamkeit und Rentabilität von Kolonisations-Gesellschaften. 1883. *M.* 5.—

Hübbe-Schleiden, Dr.: Weltwirthschaft und die sie treibende Kraft. 1882. *M.* 0.75

Congo-Weissbuch. Aktenstücke betreffend die Congo-Conferenz 1885. Mit einer Karte von Central-Afrika von L. Friederichsen. Amtliche Ausgabe. *M.* 6.—

Weissbuch. Aktenstücke betreffend deutsche Unternehmungen in Afrika. 1885. 1.: Togogebiet und Biafrabay (*M.* 2.30); 2. Angra Pequena (*M.* 2.30). **Amtliche Ausgabe.** *M.* 4.60

Weissbuch. Aktenstücke betreffend deutsche Unternehmungen in der Südsee. 1885. 3 Hefte. **Amtliche Ausgabe.** *M.* 8.40

Brackebusch, L., Dr.: Mapa del Interior de la Républica Argentina. 1:1,000,000. 6 Bl. 1885. *M.* 30.—

Uruguay. Mapa de la Républica Oriental del Uruguay con Plano de la Ciudad de Montevideo. 1:675,000. 2 Bl. Montevideo. 1884. *M.* 16.—

Möller, M.: Wetterberather. Anleitung zum Verständniss und zur Vorherbestimmung der Witterung, mit 2 Tafeln. 1886. *M.* 1.20

Friederichsen, L.: Karte des Westlichen Theiles der Südsee, zur Veranschaulichung des unter Verwaltung der Neu-Guinea-Kompagnie gestellten Deutschen Schutzgebietes (1 : 3,000,000) Im Auftrage des Auswärtigen Amts bearbeitet. 1885. *M.* 2.40

HAMBURG, im Februar 1887.

L. Friederichsen & Co.

FSC
www.fsc.org
MIX
Papier | Fördert
gute Waldnutzung
FSC® C083411

Zeitfracht Medien GmbH
Ferdinand-Jühlke-Straße 7
99095 Erfurt, Deutschland
produktsicherheit@kolibri360.de